下沉式景观 II

Sunken Landscape Design II

安庚心　编著

江苏凤凰科学技术出版社

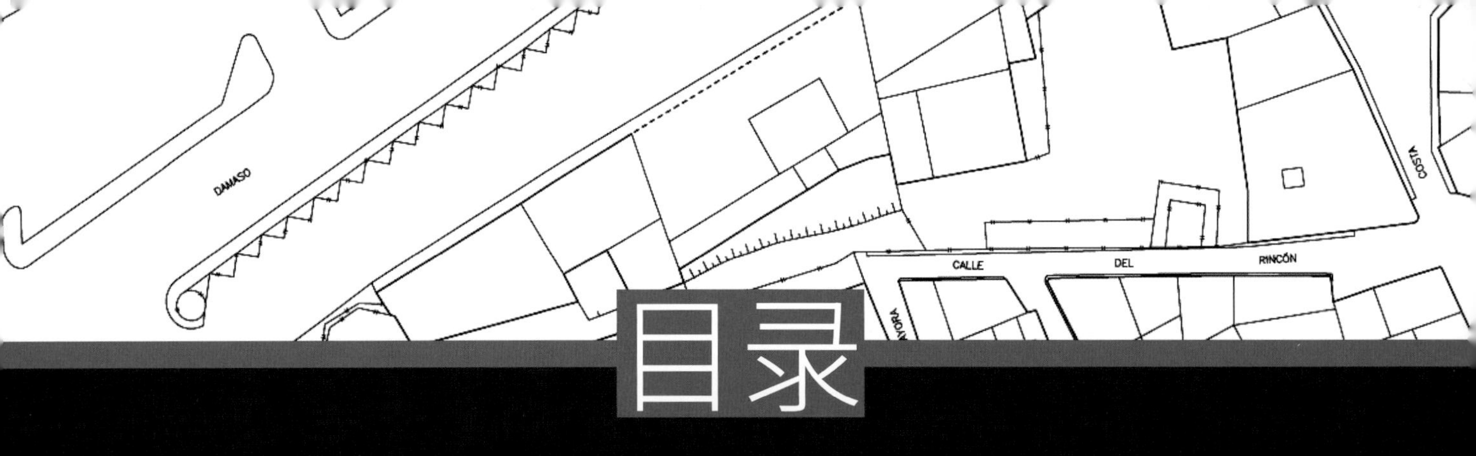
DAMASO
CALLE
DEL
RINCÓN
COSTA

目录

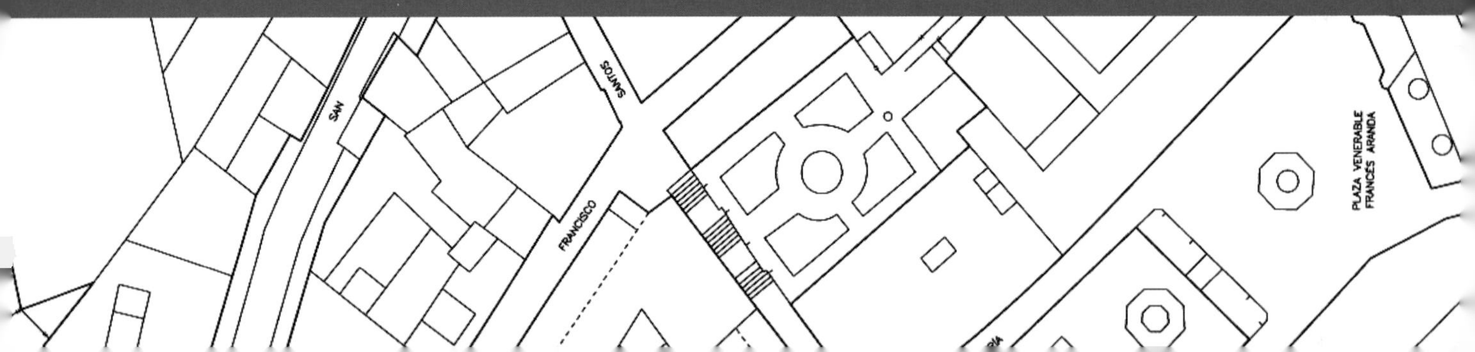
SAN
SANTOS
FRANCISCO
PLAZA VENERABLE
FRANCES ARANDA

contents

第 1 章

景观与空间

南京河西华新丽华商业中心下沉广场立面图 A（AND 设计）

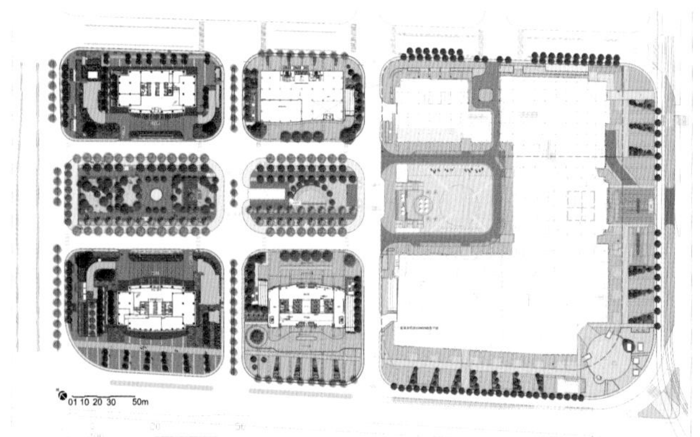

南京河西华新丽华商业中心总平面图

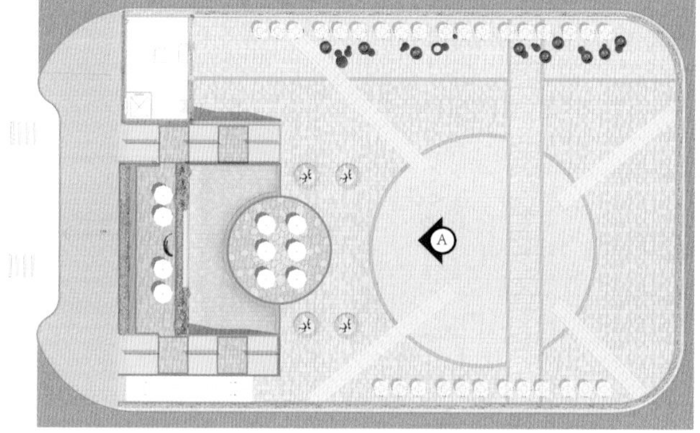

南京河西华新丽华商业中心下沉广场平面图

很多人认为景观只是园林绿化，但笔者认为景观不限于此，更多的是户外空间的规划设计。具体来讲，我们运用许多大自然和非大自然的物料和设施，包括植栽、街道家具、艺术品、水景、公共设施等，营造景观设计的层次感。

景观设计师不像建筑师那样做出一个实体的结构，而是一个虚拟的空间。实际上，外部空间所需要考虑的因素比建筑更多、更广、更全面，所以做景观建筑规划的时候要考虑到景观层面与建筑层面的结合是否合适。其中最关键的是景观空间的营造如何让人与自然产生互动和结合。

英语中景观的单词 landscape 源自德语 landschaft，而德语中这个词又源自荷兰语，意思是在荒野中由牧草地或农田所包围的人类居住的小屋群。这个词的原意具有相当的区隔性，意指只有经由人类创新改造过的荒地才可称为“景观”。

欧洲的景观设计以德国作为特色，美洲的景观设计以美国代表其独特的风格。美、德两国的景观设计经过漫长的发展，设计理念都很成熟，很有深度，而且自成体系。两者的景观设计都饱含了现代主义精髓，又各有千秋。

我们从美国和德国的景观设计体系中了解到不同区域对景观的理解，透过不同的历史发展脉络，就能领悟两者景观上所强调的不同的设计精神。

在过去，伴随着经济提升的是城市的快速建设与发展，人类文明的水平也因而提升。从农耕社会到工业社会，工业化产业在城市中运转，带动着经济起飞，但也额外带来一些负面影响。

19 世纪中叶，美国资本主义高度发展，纽约被推动成为世界经贸中心：一方面纽约成为了世界最繁华城市之一；另一方面，也给这个发达的新兴城市带来了日益严重的环境污染。人们享受纽约高度现代化的同时，对这个窒息空间的反感也日益加剧，并梦想有一个充满新鲜空气、无拘无束的美好环境。于是，一种追寻自然，崇尚自然的思潮在纽约掀起。1858 年，纽约当局计划设立中央公园（Central Park），希望在城市之中有一片可供市民休憩的绿洲。在设计竞赛中，景观设计师欧姆斯特德（Frederick Law Olmsted）（1822-1903）与他的建筑师同伴卡尔弗特 · 沃克（Calvert Vaux）（1824-1895）所做的“绿草地”方案赢得首奖。这一竞赛掀起了全国性的城市公园设计与建设运动，成为了美国现代城市规划的先驱。

因为纽约中央公园的规划建设，美国诞生了一门新的学科——景观建筑学（Landscape Architecture）。纽约中央公园于 1873 年竣工，历时 15 年，园内有总长 93 公里的步行道，9000 张长椅和 6000 棵树木。主持的设计师欧姆斯特德基于人类心理学的基本原则，提炼升华了英国早期各派自然主义景观理论家的分析，且深受风景的“田园式”“画意”思想的影响。他认为田园风格是缓解城市生活不良影响的良策，而采用“画意”风格，则能够获得一种丰富、广博而神秘的效果，有利于人们的身心放松。欧姆斯特德敏锐地认识到在工业化和城市化大背景下城市居民的游憩和亲近自然的需求，在综合考虑的交通组织、游览线路、原始地形、水体、绿化、灌溉、建筑、审美等方面后，为纽约市民设计建造了一处优美而充满自然气息的日常游憩场所。

南京河西华新丽华商业中心下沉广场水景（AND 设计）

广州番禺基盛商业中心（AND 设计）

纽约中央公园成为开放式城市公园的传奇。当西方的设计师开始为普通大众设计时，东方的帝王依然在自己的皇家园林中做着千秋万代的统治梦。我们看一看同一时期颐和园和圆明园的设计，就知道皇家园林和大众园林的根本区别了。美国现代景观建筑从中央公园起，就已不再是只有少数人游玩的奢侈场所。景观设计走入普通人的生活，满足普通人的需求，应当说是现代社会与民主的馈赠。美国人在喧嚣繁荣的大都市中开辟出这样一个巨大的公园，这一创举得到了举世的称赞。

欧姆斯特德在美国景观界的地位如同孔子在中国哲学里的地位，他被认为是美国景观设计学的奠基人。而欧姆斯特德的理论，则是将“美”和“好”很好地协调在一起，并提出了一个更深入本质的问题：即城市的景观设计如何促进生产力的发展，以及如何解放生产力。“美”是指“美学”，有传统，有现代，总而言之就是为了“美化”；“好”的意思就是要生态，要可持续。《美国城市的文明化》就是由当年欧姆斯特德写给政府当局的信件和演讲稿组成的，这本书真实地表达了当年欧姆斯特德的想法，表达了他对于城市景观设计超出了传统意义上的“美”和“好”，甚至“美好”的理解。

在欧姆斯特德的时代，纽约、布法罗、旧金山三个城市的规模堪称巨大。大规模城市造成的结果是城市周边的农民想要进城享受优质的服务，需要花费非常长的时间；同时在城市工作和定居的人也要花费更长的时间，才能抵达他们原本属意的乡村去休憩娱乐。所以，透过城市景观的建设，改善这些问题，让城市人口在最短距离内享受到乡村的宁静和自然，用最方便的方式提升工作之外的生活质量，这种“美好”的城市规划，成为了欧姆斯特德思考的重点。

广州番禺基盛商业中心（AND 设计）

美国纽约州高度集约的城市发展，在工业化过程中产生了相当严重的污染，为了减缓环境破坏的影响，城市景观、公园绿地的概念在城市中开始萌芽。纽约中央公园竣工后，城市绿地景观的概念开始对世界各地居住在大城市的人们产生了生活模式层面上的影响，人们不用再跑去郊区，在城市中就可以亲近自然，也将过去仅贵族阶层才能享有的庭园空间，普及给社会大众使用。纽约中央公园的设计，不仅改变了庭园在世界历史上的定位，也改变了公园绿地在城市中的使用定位与概念，可以说是美国景观的缘起与代表。

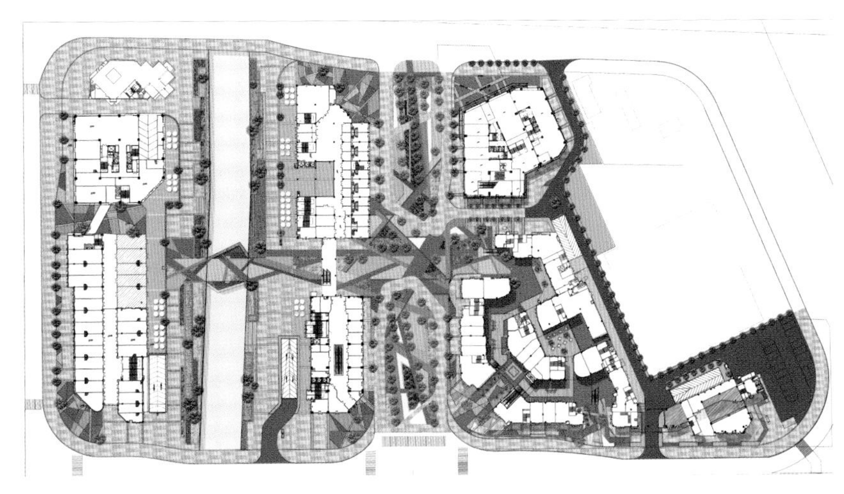

广州番禺基盛商业中心平面图

海南鹤川温泉酒店（AND 设计）

海南鹤川温泉酒店（AND 设计）

西方总体的景观设计理念基本上是写实的、理性的、客观的，重图形、重人力手工、重秩序、重规律，以一种天生对理性思考的崇尚把景观设计纳入到严谨、认真、仔细的科学范畴。其中，美国的景观理念继承了西方景观理念共有特点的同时，也充分体现了“以人为本”的优秀设计理念。

美国的先民们为了躲避欧洲的腐败堕落，从遥远的欧洲来到美洲这块新大陆，在没有欧洲封建宗教和制度的种种束缚下，开拓了一片崭新的世界。他们在这片广阔的天地间获得了最大的自由和释放。面对整片荒野，他们感受到原始自然的神秘和广阔，心灵受到强烈的震憾。自然界纯真、朴实、充满活力的特点对美国人产生了深远影响，同时也造就他们充满自由、奔放的性格。美国人对景观的专注往往只集中在没有人类触动过的自然环境上。面对广袤无际的大自然，人们无法触及它的全部，

海南鹤川温泉酒店（AND 设计）

但却渴望认识了解它。所以，美国有了黄石国家公园、大峡谷、化石林国家公园、佩恩蒂德沙漠、佛罗里达大沼泽地等自然保护区。大自然的鬼斧神工有着无限的创作魅力。美国人对自然的渴求，追求自然的朴实、亲切、神奇，充满活力，已经融入了他们的生活和审美之中。

美国人把自然延伸到商业化的城市中，自然的元素，加上超常想象的技术和能力，城市景观在城市建筑之中也就成了一道道风景。与自然的接触交流自然而密切，人们从中得到的更多是快乐与健康。这些与东方和德国（欧洲）是很不同的，观念思考或是历史文化的情景，更多地被自然运动代替，人们只享受生活中的阳光和自然，所以美国城市景观的特点是自由亲切的。

从历史的角度来看美国景观设计的起源，可以追溯到欧洲的移民建立美国的时候，众人追寻的是一种对自由的理想与崇尚。因此，奔放与自由成为美利坚民族的天性。美洲大陆原始壮丽的自然景观，对美利坚民族造成的是对自然的景仰、尊重与保育。美国历史的发展脉络对当地民族的认知与追求产生了深远的影响，而在景观设计上美国人注重的是对原始自然美感的尊重，运用高水准的质量和技术，将原始元素与现代空间组合成一个美好的景观。欧洲的古典景观美学最初受到法国的影响，欧洲各国对于庭院所强调的要点都是对几何线型的高度控制。后来，英国颠覆法式庭园的原则，采用了自然田园风格的设计手法，为整个欧洲带来深远的影响。

从近十年的发展角度来观察中国内地的景观设计，我们会发现曾独占鳌头的境外公司已式微，逐渐被国内公司取代。在汰换翻腾的潮流中，国内公司相较境外公司在专业理论、设计能力、方案创意及国际视野上仍有差距。笔者发现，大部分刚

珠海金地动力港商务园（AND 设计）

毕业的学生虽然对书中所学的内容尚能记忆，但不一定能理解并融汇贯通。他们获取知识后通常一面倒向别人的内容与意见，并未养成独立思考的能力与习惯，没有考证别人所述的真实性以及是否合乎逻辑。由于个人独立思考能力缺乏，创意思维也很难有所突破和创新，因而难以突破高校教育营造的无形框架。

2000 年开始，中国的景观建筑发展模式大都配合房地产发展的脉络前进。从过去仅在乎外在美感，到近期开始提倡海绵城市、生态回归、绿化环境等相关理论，从虚到实的景观建筑发展才逐渐成熟，且有迹可循。但在这些理论提倡的过程中，由于语言的不同，中国与国外产生了信息不对称，由此造成了某些商人的炒作，进行了许多过度商业化的发展和盲从，而不去找寻理论的真正源头和阐述的事实。因此产业发展的方向和速度与教育在一定程度上有盘根错节的关联。

2007 年，笔者被所任职的公司派去广州协助 AECOM / 易道创立团队，当时笔者聘用了一批员工，发现这批应届毕业的学生大多不具备设计师该拥有的能力。他们的认知中认为设计师

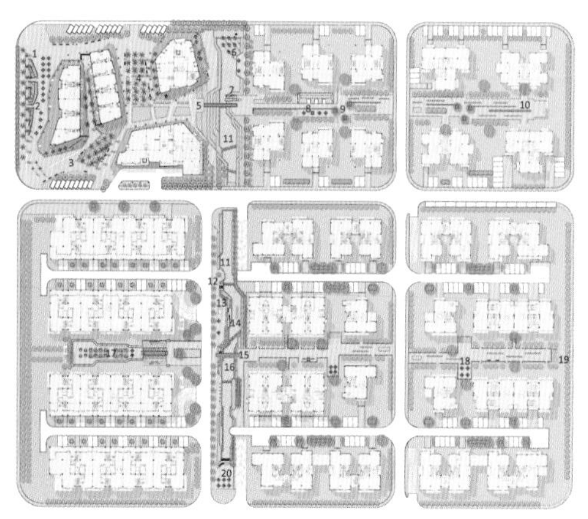

珠海金地动力港商务园平面图

珠海金地动力港商务园（AND 设计）

珠海金地动力港商务园（AND 设计）

只是可以把天马行空的想法画出来以及拥有好的表现手法罢了，在结构、植栽设计上的能力相当不足，独立思考的能力上也都相当缺乏。因此笔者下定决心，开始从业界进入学界，试着了解教育体制中有什么症结产生了这样的结果并寻找解决方法。在教育上，笔者提倡景观设计的教学借鉴美国南加利福尼亚大学和哈佛大学等大学的教学模式，以小班制教学，发展以师徒为主、教师能够与学生密切交流的教育方式，推动开展更细腻的思维化教育，让学生们跳出传统教育的框架，学习独立思辨的能力。

在从业与教学的过程中，笔者总结出了一些兼具实践与学术价值的经验与知识，希望本书能为景观设计的学子们提供参考，以此提升他们的专业竞争力。

通过本书，笔者希望为景观建筑树立的一个正确的观念：如何去评价一个项目的成功与失败，项目的核心概念是什么，可行性有多高，可以带来多少探讨性的课题。希望这本书能够为想做下沉式景观的设计师提供想法上的借鉴，同时提醒设计师在做下沉式景观设计时会遇到哪些问题以及如何解决，加深对下沉式景观的认识。

珠海金地动力港商务园（AND 设计）

第 2 章

下沉景观

设计要点

在人类文明发展的过程中，为了进行各种不同的活动，塑造出不同种类的活动空间与景观。随着时间与经验的积累，不同的空间也逐渐发展出许多不同的知识与理论来支持空间景观设计的发展。人类从最一开始的穴居到聚落到城市，经过过去几个世纪的发展，人类活动逐渐将有限的地面的空间与资源消耗殆尽，因此，这一两个世纪以来，人类的文明已逐渐从地面朝地下发展，其比例与强度也逐渐地提升。现今全球各大先进国家的都市，几乎都已经将地面下的空间开发至一个极限。未来城市核心区发展的重要方向之一是对地下空间的开发。下沉式景观设计的发展对于解决城市发展中出现的建设用地紧张、交通拥堵、生态环境恶化等“城市综合症”和提升城市整体发展质量具有重大意义。

然而，地下空间的出现虽然能够解决地面空间不够使用的问题，但地面下空间的发展却有着许多地面上空间所没有的缺点与发展难度。地下空间最大的问题就是缺乏日照，因此经常性地会需要透过一些天井的开挖或是下沉广场的配合，才能将合适的自然光引入，并搭配室内的照明来减缓缺乏日照所产生的不适。

就城市核心区的发展而言，地下空间的开发与规划将会是一个重要过程。地下空间的规划可以减缓地面上交通与活动的乘载量，近几年来全球各地的铁路地下化成为了一股趋势，各个先进城市将地面上的交通移往地下，为人们争取更多的地面层使用空间，同时也便于将生态系统链能够从城郊引入城市，以减缓全球污染所造成的问题。因此，下沉广场与景观成了地面上与下重要的连接枢纽，并扮演着重要枢纽的节点角色。从空间设计上的角度来说，下沉式景观的设计，将会需要考量到其区域

“

空间使用的功能与种类，来营造适应不同的使用需求的合宜空间。

下沉式景观广场在解决地下建筑的通风、采光、不同交通流的转换问题的同时，还要成为人们在喧嚣的都市里一处安静、安全、具有较强归属感的场所。下沉式景观广场必须把关心人、尊重人的宗旨具体体现在空间环境的创造中，满足人们活动的多样化需求。笔者的具体建议如下：注重微气候的营造，阳光、气温和气流是营造微气候时需要把握的自然要素；通过商业休闲服务设施、雕塑、小品、照明等景观元素，塑造下沉式景观独特的空间形态，为人们提供文化艺术性活动的场所，吸引人们进入并参与其中；增加座椅、垃圾桶以及直接对外营销的店铺等功能性设施，使广场拥有更好的氛围；考虑利用小品设施调节空间尺度，将完整的广场划分成不同的活动区域，使广场的空间尺度变得更加宜人；为残疾人提供可供其自由进出与使用方便的无障碍设施，配备能够应答、满足残疾人与老年人各种基本需求的服务设施，提高下沉式广场的吸引力、“方便性”和“适宜性”。

下沉式景观的设计中，有许多的细节与特点需要注意，其中包含空间氛围、空间气候、空间活动、空间设施甚至是空间使用人群的种类都需要注意。在设计下沉式景观的空间时，需要缜密的考量其空间之“吸引力”、“方便性”和“适宜性”，以强化建构空间所要达成的目的、在空间内部串联动线的便利性以及空间在特定用途下的适宜性。透过对功能性的相关文献探讨，我们将可以对下沉式景观设计的基础条件有更进一步的理解，而理论性探讨则让我们对于下沉式景观设计所产生的无形价值与影响能够做更进一步的思考。

”

第 1 节　采光

采光在人类的生活中扮演着相当重要的角色，阳光中有着人类所需要的养分，在大自然的演化法则中，阳光是不可或缺的要素。随着文明的发展，人口的增加，经济资源在都市的过度集中，造成人口的拥挤，不得不运用高楼大厦来减缓人口拥挤所产生的问题，因此，水泥丛林应运而生，但这也造成许多采光上的问题。高楼大厦挡住了日照，让许多城市中的空间在多数时间内笼罩在阴影之中，对于地下空间来说，下沉式景观的地位更是相当重要的，好的采光与绿意在都市中被奢侈地享受，因此，下沉式景观的设计经常搭配着商业空间设计的需求去思考其空间的规划，以便提升地下商场的经济效益。下沉广场的设计，不仅增加了光的照明和阳光射线与人的接触，还可以在相当程度上进行节能。

自然采光在地下与下沉空间中一直处于至关重要的地位，它不仅可以满足人的多种生理和心理需求，更能促进节能减排。下沉式空间的自然采光是通过地下空间自身的下凹进行采光，常常应用于城市中心区的大型地下商业街，使其出现空间形态的变化，有利于形成多层次的复合空间，同时通过下沉部分的立面侧窗为地下空间提供大量的自然光线。

但是，受部分地下商业街的层高限制，引入自然光的照明范围有限。下沉广场采光要结合地下商场入口设置进行设计，其开敞的空间形态不仅可以采光，还能形成地上与地下的缓冲地段，削弱人们进入地下空间时产生的不良心理感受。北京三里屯 SOHO 和三里屯 Village 的地下商业空间就是采用这种方式，通过楼梯和电梯将地下一层与地面层相连，并在地下一层四周设置大型的展示窗，在广场中间设置景观、小品和水体，不仅可以使光线顺利到达地下一层，同时也吸引人群在下沉广场中活动。

下沉庭院指的是在建筑中凹入地下的一个室外空间，其在满足自然采光需求之外，所创造出的空间具有较强的围合感与较好的景观性。北京建外 SOHO 的地下商业空间就使用这种采光方式，庭院周边取得了自然采光和良好景观。采光天窗与下沉庭院对地下主要空间的自然采光效果显著，全年可节约大量电能，对地下商业建筑的自然采光设计起到了示范作用。

随着文明的发展，照明技术越来越成熟。从过去最原始的火炬照明到现在节能环保的 LED，在人类的文明进程中，光成了最基本的生活必需品。照明技术的出现大大改变人类生活的步调与习惯，不再受到“日出而作，日落而息”的影响，活动的范围与时间不再受光的限制。从量子的角度来观察人工照明，会发现其中并没有多少对人体有利的元素。然而，随着科学的进步、医学的发达，科学家逐渐发现，自然光还是人类不可或缺

的生命元素，因而有了许多针对自然照明的医学与科学论文，以及在照明当中人类所受视觉刺激带来的影响的讨论和深度探讨的研究。人类心情的起伏与环境的明暗是有一定关联性的，如果我们就艺术文学的观点来看明亮与黑暗的关系，一般来说，明亮通常是正义的化身，代表正向的心理与态度，而黑暗，则是反派的化身，代表负面的心理与态度。也许这些都是过去撰写文章的作家与学者们所共同积累的答案，但随着时间的积累，这也已经成为根深蒂固在大众心理中的印象。因此，我们在日常生活中遇到明亮与黑暗的环境光影变化的时，会自动在潜意识中直觉的产生反射，进而在我们思考与判断的时候来左右我们的看法与心理感受状态。

英国著名环境设计师伊恩 · 伦诺克斯 · 麦克哈格（Ian Lennox Mcharg）在《设计结合自然》（Design With Nature）一书中描述了医疗环境的变化如何给自己病情带来巨大好转。明媚的阳光、清新的空气为他奇迹般地痊愈提供了天时地利。加拿大建筑师罗杰斯（Rogers）在长达 10 年的研究中发现亲切、良好的环境会给人带来的积极作用。研究表明，人的认知世界里，80% 的信息来自于视觉。因此，提高视觉效能和提供舒适的光环境，对人的心理、生理会产生积极影响。

从视觉角度而言，下沉广场可以定义为环境亮度的过渡空间。人的眼睛在不同亮度的环境中过渡需要一定的适应时间，而恰当的环境亮度的过渡对人眼的适应水平起着至关重要的作用。当人们从高亮度的室外空间进入亮度相对较低的室内空间，即眼睛在逐步接近暗空间的过程中，下沉广场能够为人眼适应环境亮度的转化提供一个过渡场所。下沉空间中天然光的引入不仅为人们与自然的交流延伸至地下创造了条件，而且对于提高人的心理舒适度有较大的帮助。光影变化丰富了室内空间，为人与人之间的交流增添了乐趣。

都市中下沉广场的采光设计，不仅仅只是为了解决地下空间照明不足的问题，其中也包含对部分商业或居住用途的考量以及对空间使用者心理状态的影响。因此，下沉空间的采光设计中，不仅仅是在地面开挖一个空间这么简单，还要考虑阳光与周遭地形及建筑在一年四季不同时序中相对光影的位置、采光所呈现的明暗效果、采光所造成的环境氛围，还有对空间使用者所造成的心理影响等评估条件，才能建造完成一个具有极佳采光效果的下沉广场空间。

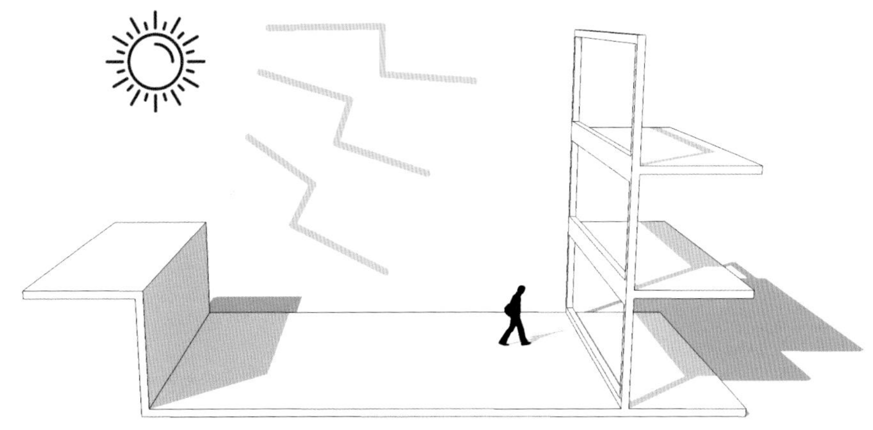

琼·马拉加尔图书馆

Sant Gervasi Joan Maragall Library

项目地点：西班牙，巴塞罗那

项目面积：5464 平方米

设计师：David Baena, Toni Casamor, Maria Taltavull, Manel Peribáñez

设计公司：BCQ Architecture

本案是一个位于西班牙巴塞罗那的图书馆。就整体结构而言，本案是一个半埋在地下的空间，图书馆结构的上方是公园，而且还有老旧的房子，设计师利用原有的地形，设计开挖，让原先的景观样貌焕发出全新的视觉感受。

本案的设计概念是“光的花园”，要营造一个具有生命力、能够在其中穿梭的地下空间，让孩童们能够穿梭在其中并找到属于自己的角落，好好静下心阅读，也为当地市民提供一个舒适阅读的休憩空间。

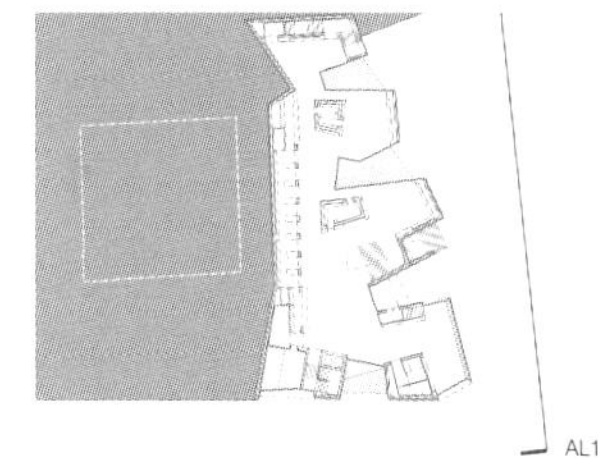

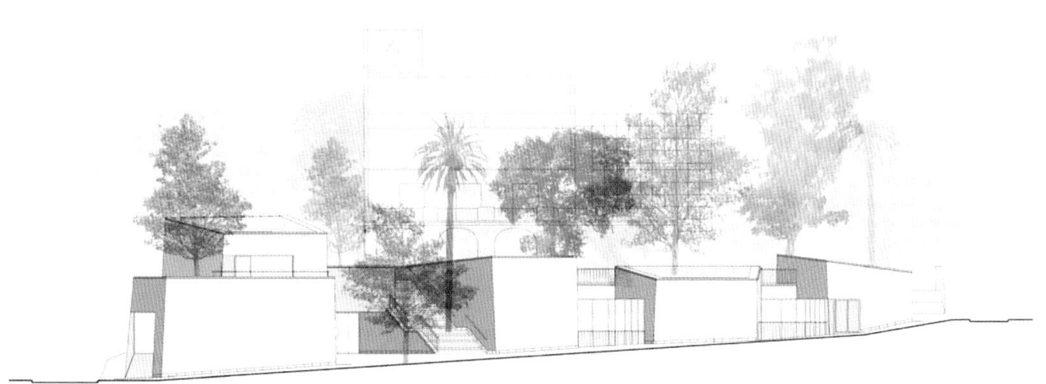

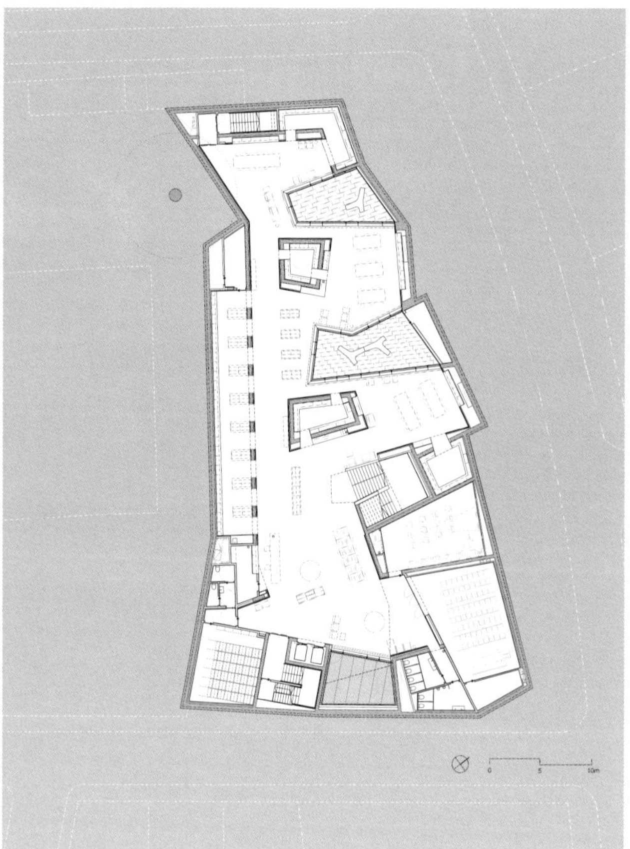

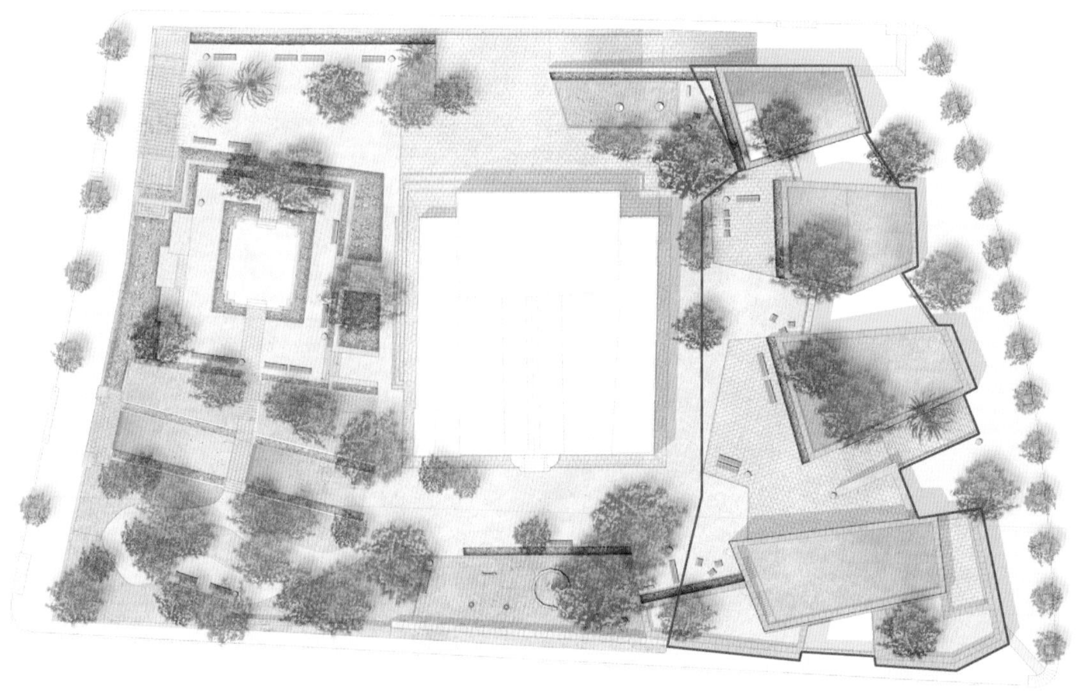

技术分析

本案下沉空间天井广场的材料选择是与建筑室内结构一样的材质与色彩，作为室内的延伸，使下沉空间与室内空间产生了视觉上的连续感。下沉空间垂直面选用透明的玻璃，作为主要的空间区隔，在视觉上创造室内即室外的效果。

设计师运用材质与隔间的手法，创造室外空间与室内空间强烈的连接感，让人们对室内空间的使用意愿获得提升。再透过空间的下沉与结构体的穿插，让结构体的立面纹理获得视觉上的放大与延伸，让原来一楼的空间在视觉上得以重新定位到一定高度及较高的楼层，在某种程度上打破了楼层的概念，进而以区域层取代。

地下空间的设计需面对最大的问题就是采光的不足，若全部采用灯光照明，就图书馆读者使用本案空间的感受而言不是个好的选择。研究表明，天然光的引入不仅为人们与自然的交流延伸至地下创造了条件，而且对于提高人的心理舒适度有较大的帮助。因此，天然光的引导是相当重要的过程。本案中我们可以看出设计的主体结构是方正的形体，设计师以此种元素去进行设计的组构。设计师也在其空间结构体的组构上预留了许多的方形空间作为景观天井，让室内的采光充足，在照明的效果上获得加成的效果。

本案下沉空间的功能有别于一般的商业下沉广场，是一个公共设施的营造，从功能上来说，它包含了空间中的视觉采光效果，提高空间体验的层次与变化，以及建筑的设计延伸等。其下沉空间的尺度较小，并无空间去进行人群的聚集或活动的筹办与展演，仅作为单纯的阅读空间，采光及视觉上的表达是空间设计的重要目的。

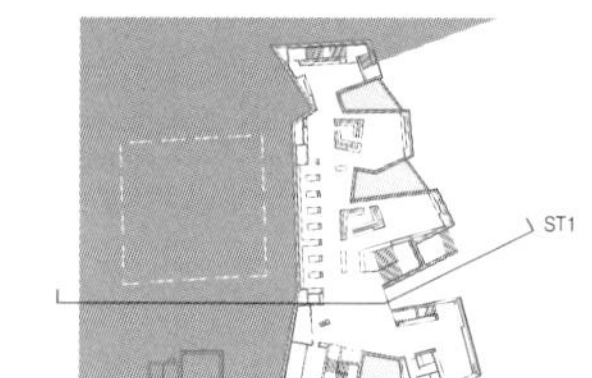

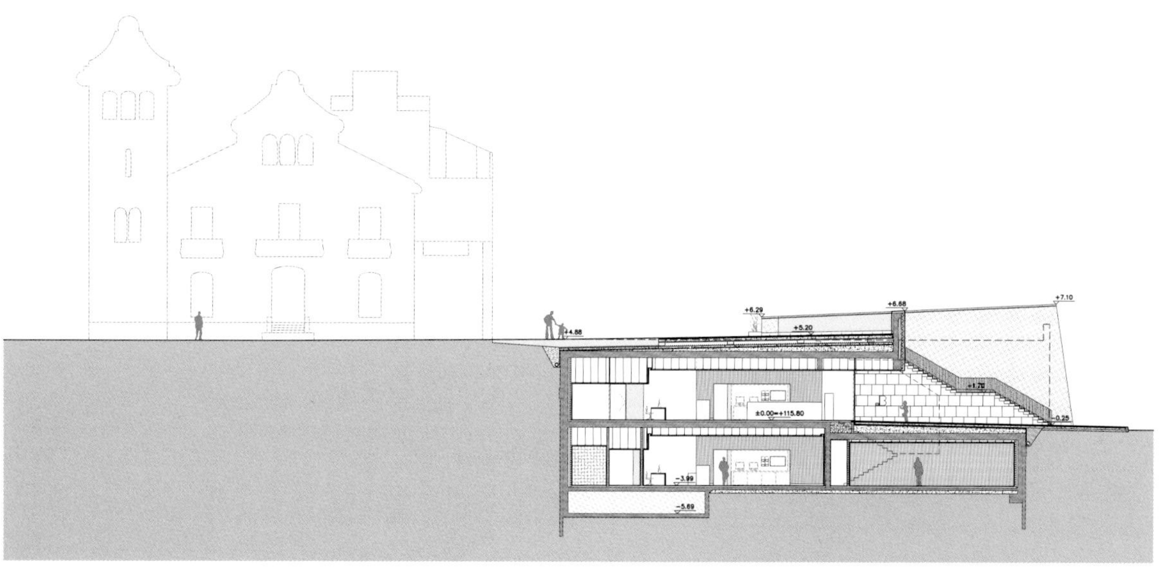

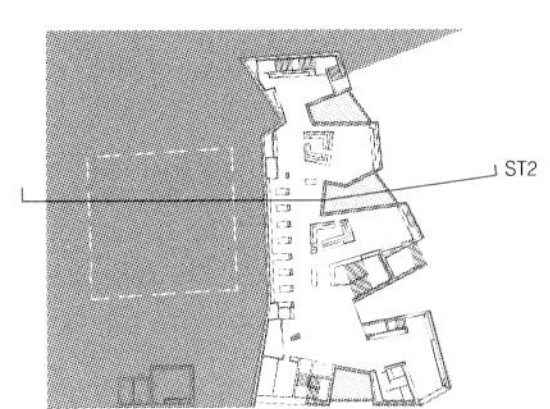
ST2

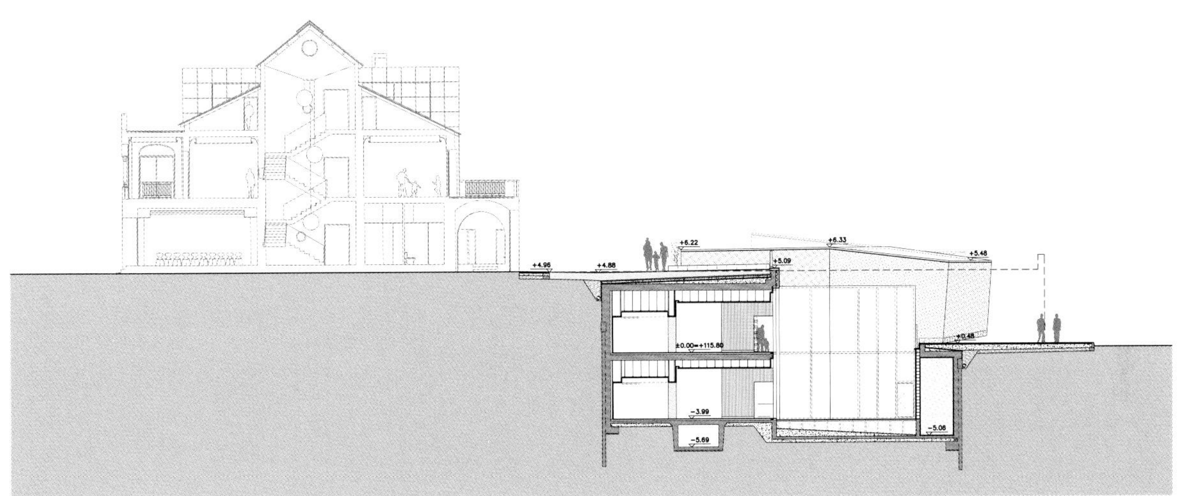
+6.22
+6.33
+5.48
+4.96
+4.88
+5.09
±0.00=+115.80
+0.48
−3.99
−5.69
−5.06

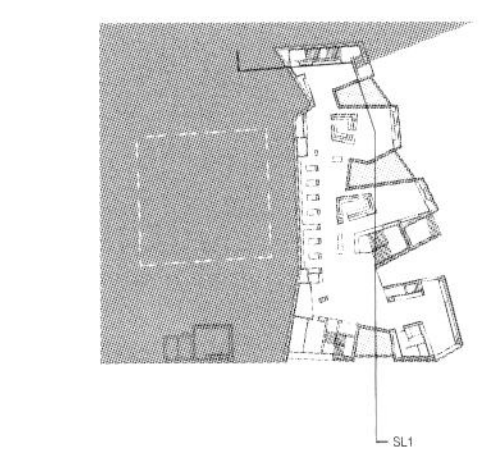
SL1

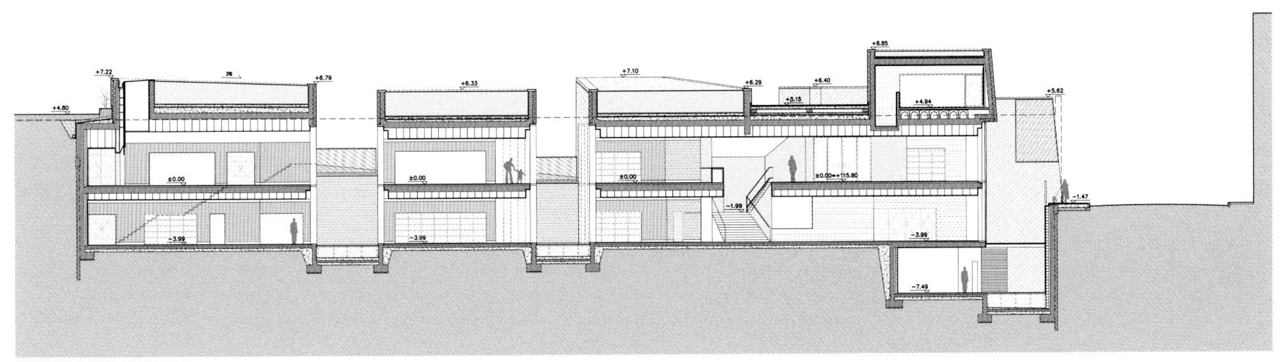
+7.22
+6.79
+4.80
+6.33
+7.10
+6.29
+6.40
+8.85
+5.15
+4.94
+5.62
±0.00
±0.00
±0.00
−1.99
±0.00=+115.80
−1.47
−3.99
−3.99
−3.99
−7.49

设计问答

（1）在本项目中，天井的设计与建筑物本身的连接有什么故事吗？

本案设计师：本案的建筑和庭院是不可分割的，建筑内部、外部和露台都是同一个建筑的局部。实际上，建筑可以被认为是房间和露台（实与虚的空间）的延伸，构建出一个新的建筑景观。建筑必须为使用者提供舒适的画面和感觉。尤其是图书馆，不仅仅是因为图书馆是由实用主义产生的一个藏书之处和工作场所，而且还是一个人们觉得宾至如归、能分享与享用文化与知识的地方。

（2）开挖天井的位置，是怎么决定的，跟空间设计的构想有关联性吗？

本案设计师：本案的图书馆是建于花园之下的：包裹着图书馆的是一个公用花园的延伸。图书馆的主体建筑与庭院连续的几何形状是建筑设计的局部，同时也是新花园的设计一部分。

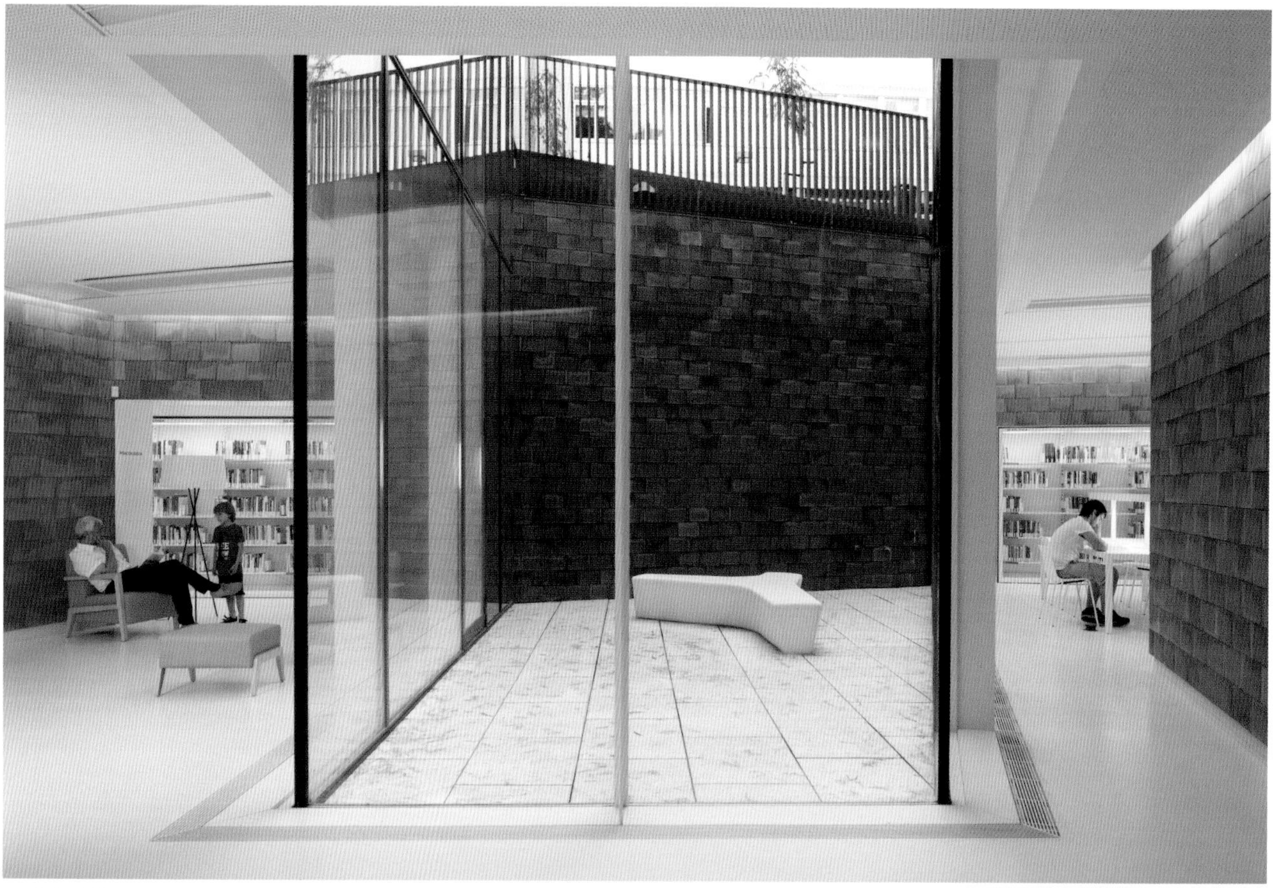

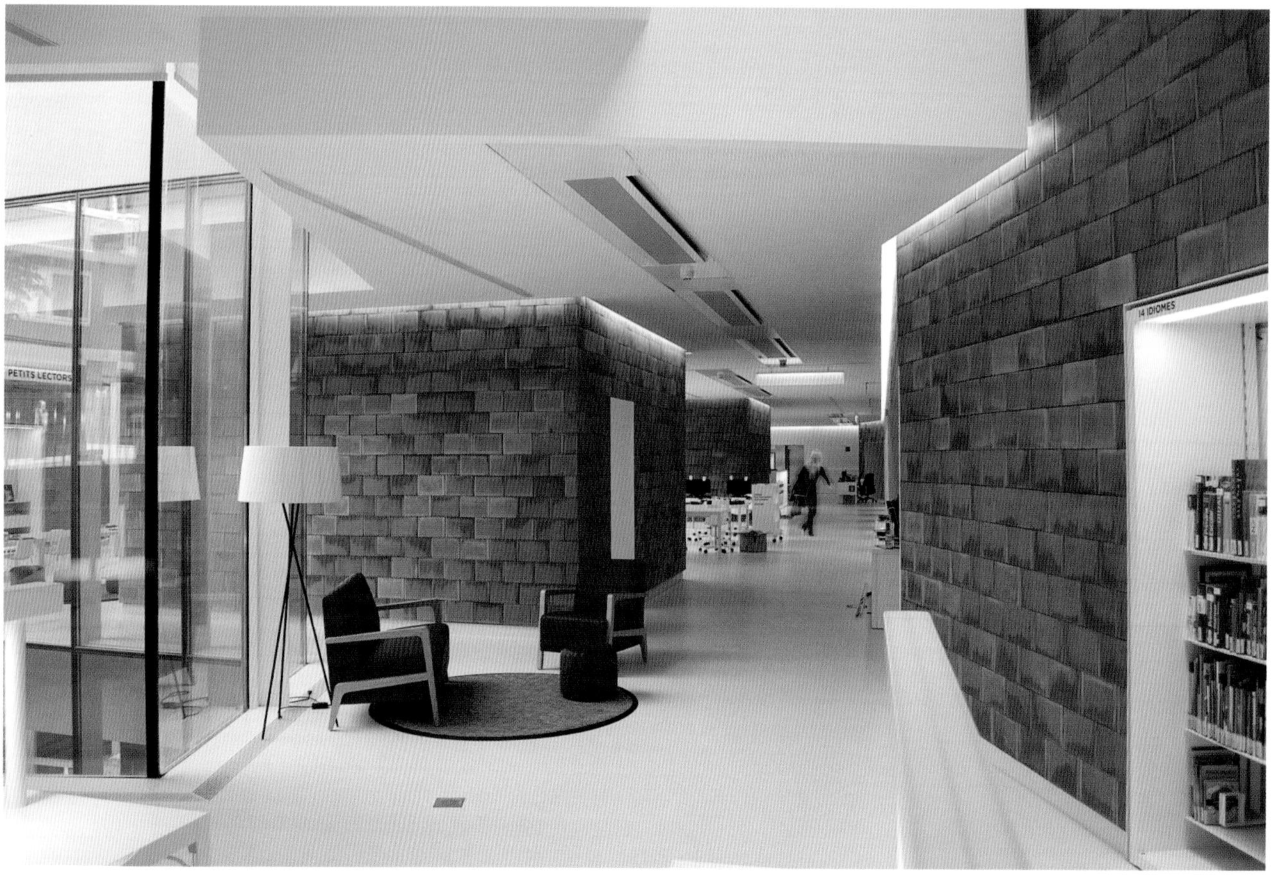
PETITS LECTORS
14 IDIOMES

第 2 节　降噪

在人类文明发展的过程中，当人们不再为了基本温饱而担心时，人们便开始追寻生活中各种可能的乐趣，艺术的发展从此开始。在艺术中，戏剧及音乐成为了大众的生活娱乐项目，在各种戏剧及音乐活动的发展下，人们也慢慢开始设计出许多不同种类的空间来承载活动的执行与展现。

随着物理学的发展，人们发现了声波的原理，而古代的碗形剧场空间也应运而生，我们经常会在古希腊及古罗马的相关文献中看到下沉剧场的遗址照片，证实了人们在古代便发现了空间与声音在传递上有一定的关联。在大自然中，我们也有很多对于下沉空间与声音传递的观察与发现，比如在峡谷中，我们如果放声大喊，就可以听到回音，但对于峡谷外的声音便可能无法听闻，就象是被阻隔了一样。如果是在瀑布下，你听到落瀑哗啦哗啦的声音，不仅仅会盖掉周遭的噪音，也会让许多人产生愉悦心理。在科学中我们了解到，声音是有能量，有速度的，会借由肉眼无法辨识的分子震动传输，进而传送声音，而声音的传送也会因为空气中的温度而有所改变。

下沉式广场降噪的另一个典型例子洛克菲勒中心，这是一个包含了 19 幢摩天大楼的建筑群，占地 8.9 公顷，建筑风格统一，由地下商店和餐馆把各个大楼连在一起。洛克菲勒中心地处曼哈顿繁华的中心，它的建成创造了一个集功能与艺术为一体的新的广场空间形式，成为现代城市广场设计走向功能复合化的典型范例。其空间构图生动，环境外部富于变化，布局上同时满足了城市景观和商业、文化娱乐活动的需要，被称为“城中之城”，是美国城市中公认最有活力、最受欢迎的公共活动空间之一。其中特别值得一提的是建筑群广场的下沉式处理，避开了马路噪声和视觉干扰，在城市中心区创造出一种相对安静的环境氛围，可以说是城市的绿洲。

下沉广场的空间在降低噪声方面有着显著的效果。从景观设计的角度来看，建筑物周边一般来说都是以平坦的空间为主，而其空间的边界大都以车用道路为主。因此，车道中所产生的噪声污染会是一个频繁发生的环境及空间课题。解决噪声有很多的方式，而将广场空间以下沉的设计手法处理便是其中之一，主要是运用空间变化的方式来避开噪声声波传送的路径，在其中，也可以透过增加一些景观设施来加强降低噪声的效果，像是运用水景墙景观设施，就是利用落水的声音来柔化噪声所产生的干扰，还有运用凹凸墙板材质的表面，来进行声波的干扰以达到降噪的效果。

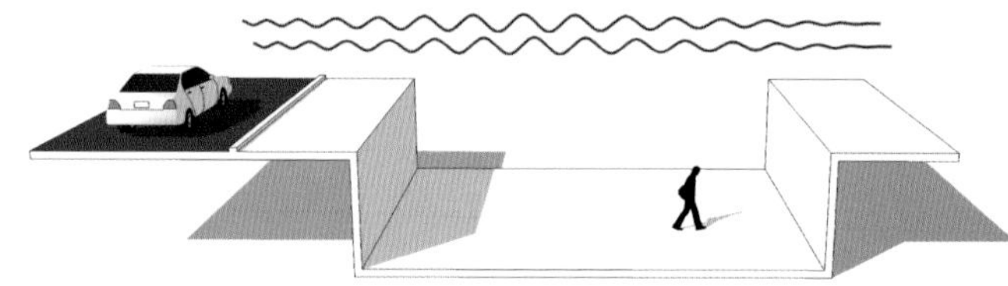

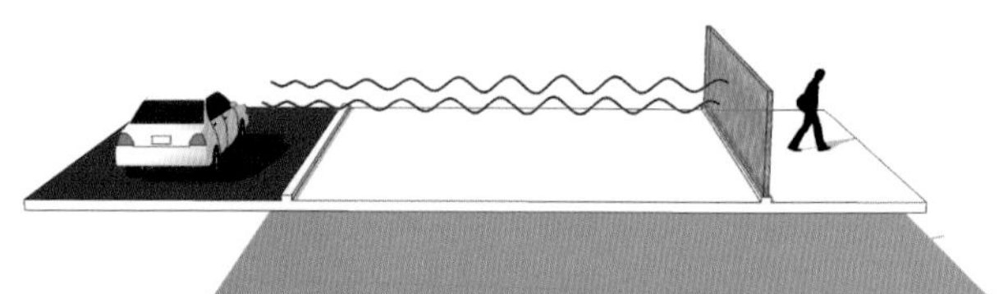

普世教堂

Ecumenical Chapel

项目地点：墨西哥，库埃纳瓦卡

项目面积：170 平方米

设计团队：Emelio Barjau, Jaime Sol, Jorge Alcantar, Christian Morales, Gloria Castillo, Montserrat Escobar, Marcell Ibarrola, Fernando Maya, Marco Mayote and Daniel Aguilar

设计公司：BNKR Arquitectura

本案是个与宗教密切相关的项目，是 BNKR Arquitectura 公司继喜悦教堂（La Estancia Chapel）和悲伤教堂（Sunset Chapel）后的第三座教堂作品，根据设计师的说法，本案的设计概念是前两个教堂作品的平衡点。

本案是一个结合地景景观和建筑空间的复合性下沉空间，集景观、建筑、地景于一身，其空间透过旋涡的动线引导呈现一种聚焦的吸引力，有种强烈、低调且沉稳的感觉。

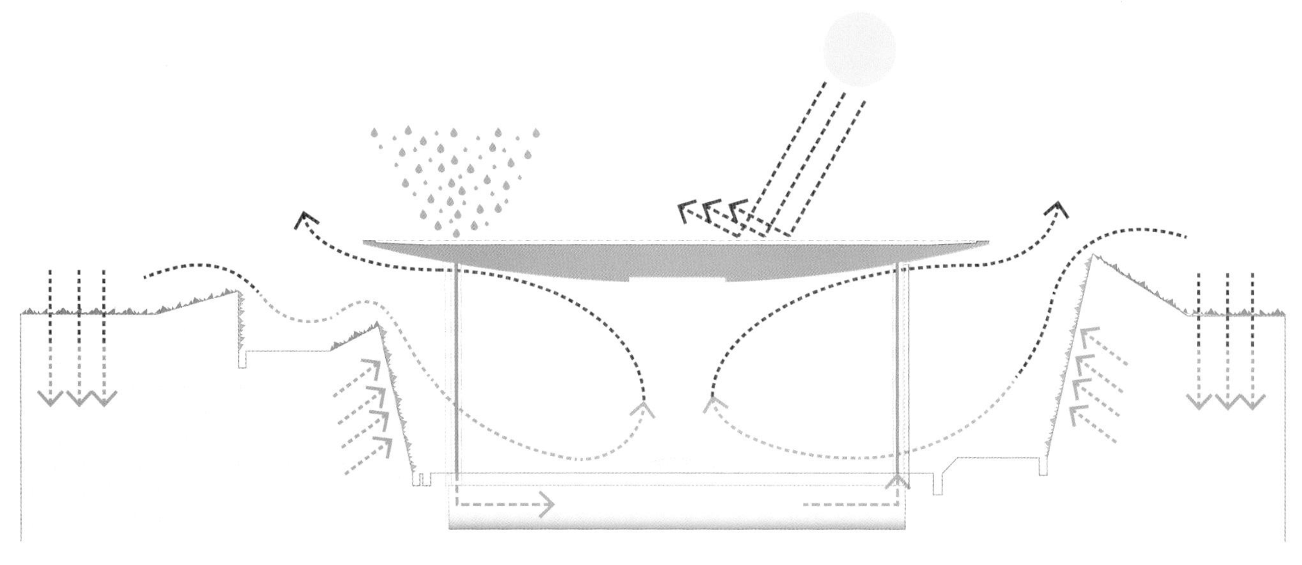

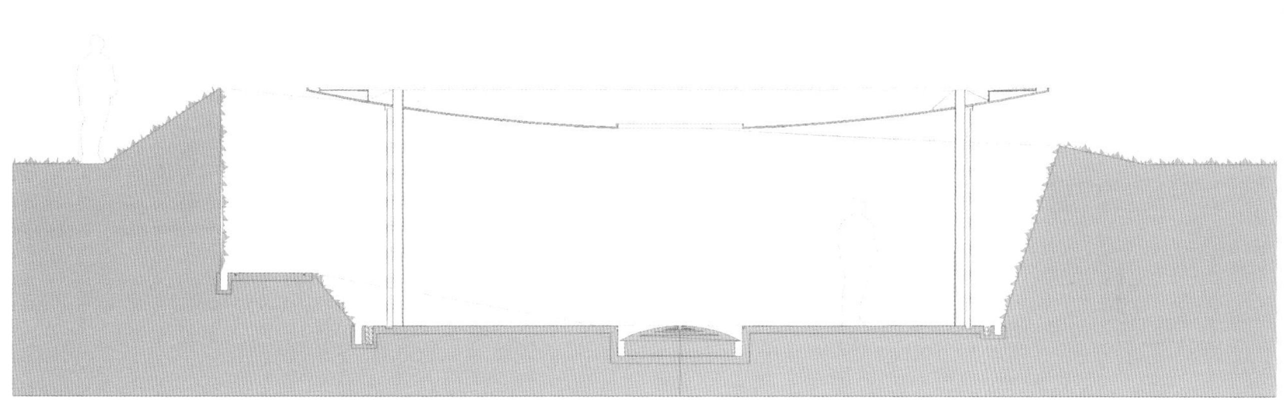

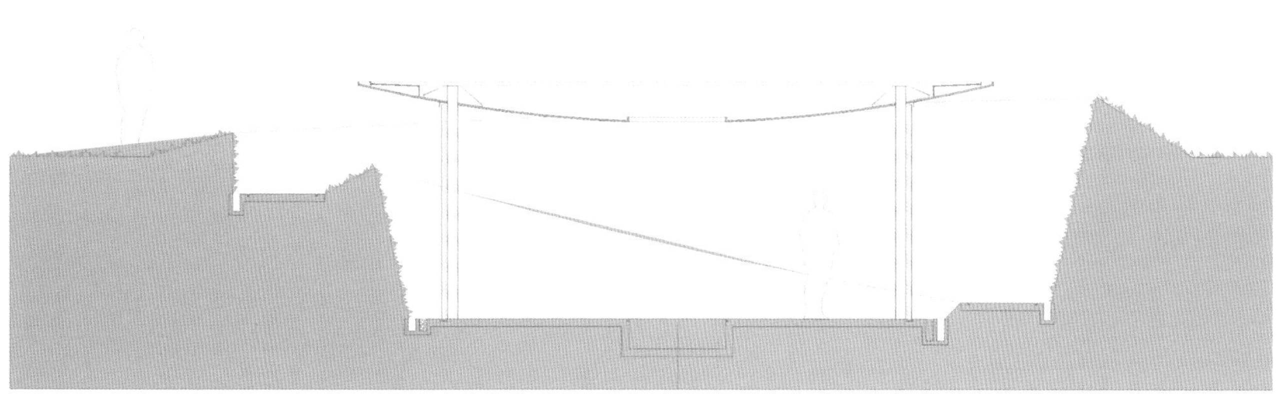

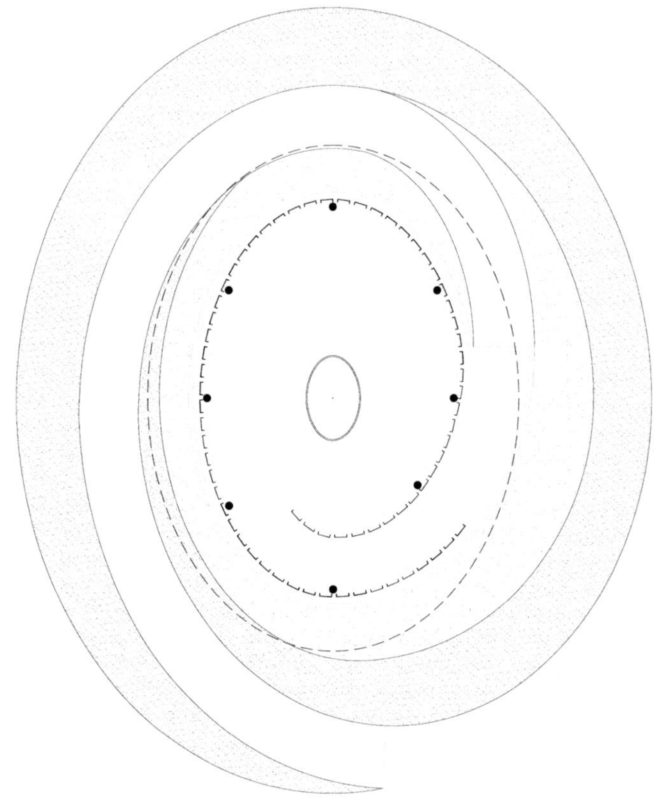

技术分析

本案设计成圆形的景观空间，象征着平衡、稳定和融合，似乎与中国太极有着异曲同工之妙。而在其下沉空间与结构中并无太多的装饰，仅以简单的线条作为空间的表情，且其下沉的空间几乎完全包裹了建筑结构，可以减少许多的户外噪声造成的干扰。因此空间使用者可在其中打坐，在宁静的空间中沉淀自我的心灵。

反观本案设计师之前的作品喜悦教堂（La Estancia Chapel），是透过简明的白色方盒子与透光性材质的结合，打造明亮且简单的空间氛围。而另一作品悲伤教堂（Sunset Chapel）则为模仿岩石造型、色彩、质感所打造的空间，在使用的过程中会受到阳光照射的影响，从而产生光影的变化。周围的景观环境为荒野与树林，其意象为荒野林间的大石头，氛围营造上受到造型及色彩运用的影响，显得悲伤。因此，本案作为喜悦教堂（La Estancia Chapel）与悲伤教堂（Sunset Chapel）两作品间的平衡点，是在诉说透过设计与环境结合的方式中的关联性。

设计问答

（1）该项目的概念是源自于哪里，是否有一个故事在背后支持这个概念？

本案设计师：这个项目的核心意义在于这是一个非宗教的通用空间，将有形建筑躯壳给人带来的影响降至最低，从而引导在其中的人去直面自己的内心。

（2）在您的构想的介绍中，您提到本案是介于喜悦教堂（La Estancia Chapel）与悲伤教堂（Sunset Chapel）两个作品间的平衡，其理由是什么，当初想表达的是什么，这其中有什么元素是连续出现的吗？

本案设计师：La Estancia Chapel 与 Sunset Chapel 分别代表了人的情感的两个极端，极致的快乐与悲伤。而两者之间的平衡，我们认为是寻求内心的平静，通过走入下沉空间这一具有仪式感的过程使人们更容易达到深层次的自我，实现内省和精神的补给。

（3）本案中，为何是采用埋入地下的设计手法来呈现，其中有什么含义吗？

本案设计师：采用埋入地下的形式与业主对本案的理解有关，业主喜欢 La Estancia Chapel 的设计，但希望能更加纯粹，将人的关注点从建筑外形转向视线外的东西。所以我们采用了下沉的设计手法，人在进入空间之后几乎处于与外界隔离的状态。

（4）为何将一镜面水池置于顶盖，除了物理上的功能外，其中所表示的含意是什么？

本案设计师：镜面水池抛开功能而言，能够给人带来心灵上的抚慰吧，它时刻提醒进入教堂的人关注自己的内心。

（5）可以在这里也说明一下，喜悦教堂（La Estancia Chapel）与悲伤教堂（Sunset Chapel）两作品的概念吗？

本案设计师：La Estancia Chapel 是为婚礼而设，我们结合了光之教堂与 Nelson-Atkins 艺术博物馆的气质，创建了一个纯净，抽象，简约的空间。Sunset Chapel 即是一对新婚夫妇开始新生活的地方，又在此寄托对亲人的思念，这一互相矛盾成为了这个设计的主要驱动力。建筑采用了玻璃与混凝土，有着古典比例与混沌外观，都在与这些对立的情感进行呼应。

第3节　方位识别

世界如此广大，人们需要方向感才能往前行，不至于一直不断重复到达同一地方。自古以来，人类的活动，便伴随着方向的指引。最初，人类的方向概念还只是停留在相对方向，就像一个聚落旁边有一座山、一个湖泊、一片森林，人们利用这些点作为他们辨识方向的依据，而随着时代的进步，绝对位置的辨识才逐渐发展成熟，我们开始注重东、西、南、北的绝对方位性。随着人类文明的发展和水泥丛林的拓展，城市中高楼大厦所达到的高度早已盖过了人们视觉可及的最大仰角。因此，绝对位置在没有罗盘或网络连接的情况下，只能依靠最原始的相对位置来辨别方位。人们想要不迷失方向，就需要利用显著性的地标来辨别自己的相对位置。

一般而言，地下空间最大的问题就是方位与指向，因为在地下无法利用户外的地标来辨识方向，很容易就会迷失。近一个世纪以来，许多城市运输共构的规划已越来越普遍，其规划所产生的错综复杂的地下空间，经常在方向指引上存在问题与挑战。方向指引设计是一门涉及人类潜意识反射的学问，要思考在直觉上人们看到的反应为何，能够让人做出正确方向的判断，才是一个好的方向指示设计。在现今这个环境来看，公共工程设计质量还有很大进步的空间，而在方位的识别上，最简单的方式就是将地下空间与下沉广场搭配设计与结合，让地下空间的使用者们，能够透过下沉手法的处理，透过开口看到外面的标志性事物，即能有效地确定所在位置的方向性。

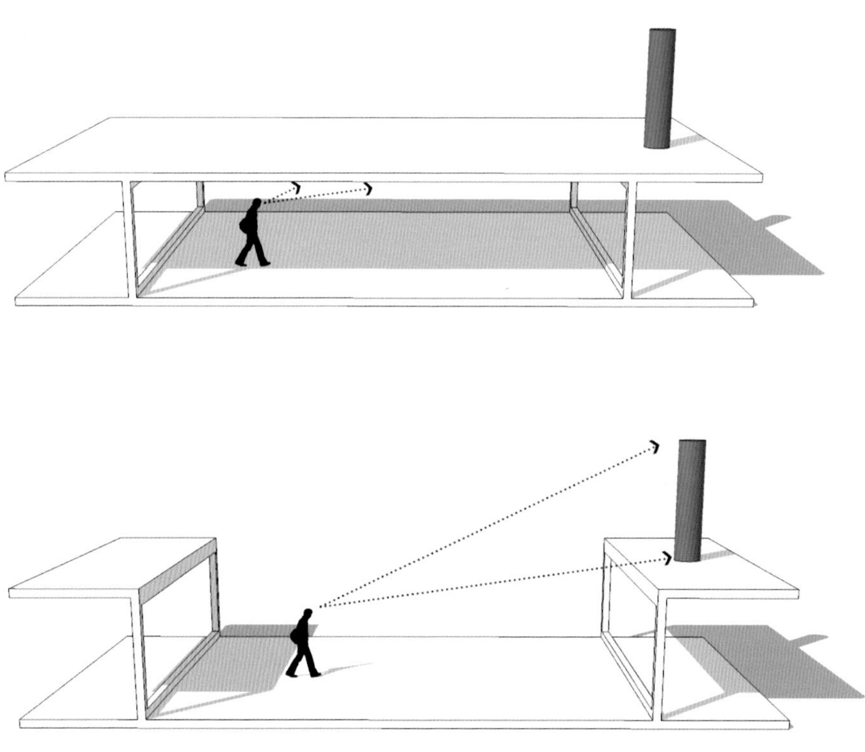

污水处理厂重建公园

Water Treatment Plant Rebuilt Park

项目面积：225368 平方米

设计公司：CTOPOS DESIGN

本案原是一个污水处理厂，本是个不受游客欢迎的地方，但通过设计师的改造，本案设计为当地带来了不菲的生态以及休憩价值。由于本案原为污水处理基地，里面有许多储水槽的结构，这些储水槽的结构成了这块基地的特色纹理，在设计师的巧手下，这些都成了下沉空间的美丽框架。

本案中可以看到许多旧空间所留下的纹理，这些纹理带有许多的旧时空间结构的印记。原先的储水槽现在成为了美丽的花坛，储水槽上的管道及高架走道则保留了下来，成了欣

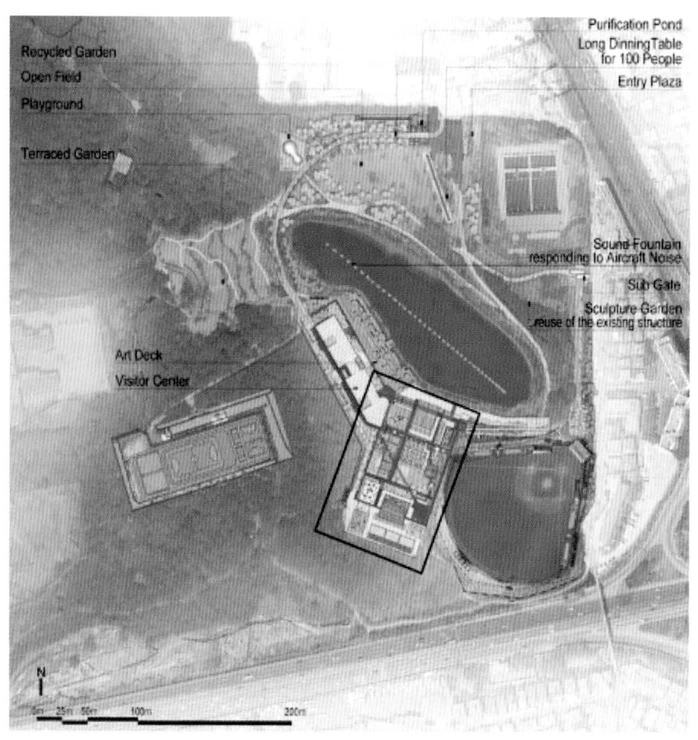

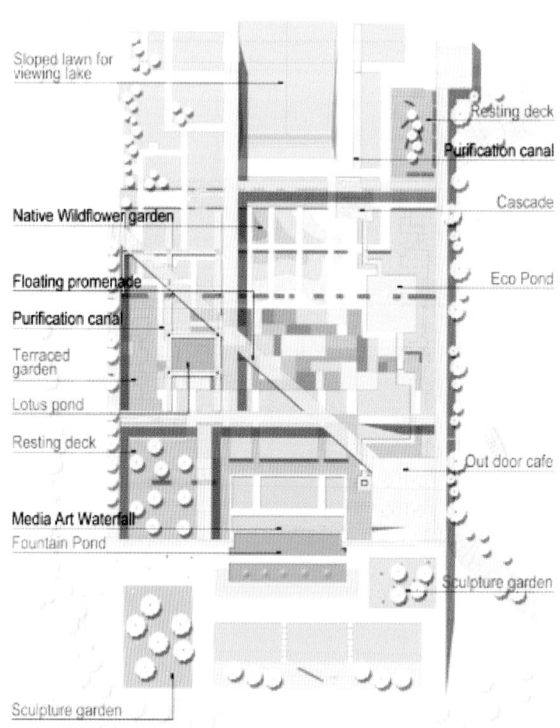

赏这个公园最佳的视点，就连许多钢筋混凝土结构柱上向上延伸着外露的钢筋和原处理厂遗留下来的水泥管，甚至是不规整的钢筋混凝土结构墙面都与灯光做了结合，成为基地中拥有“自然结构表情”的艺术雕塑品。在基地中有许多的结构墙，这些结构墙给基地做了一些初步的切割与划分，这也成为设计者主要纹理设计的构思灵感，而在这些隔板上设计者还开了许多的方孔，运用窗景的手法来增加视觉上的趣味及变化，加强了空间的连贯性与整体性。

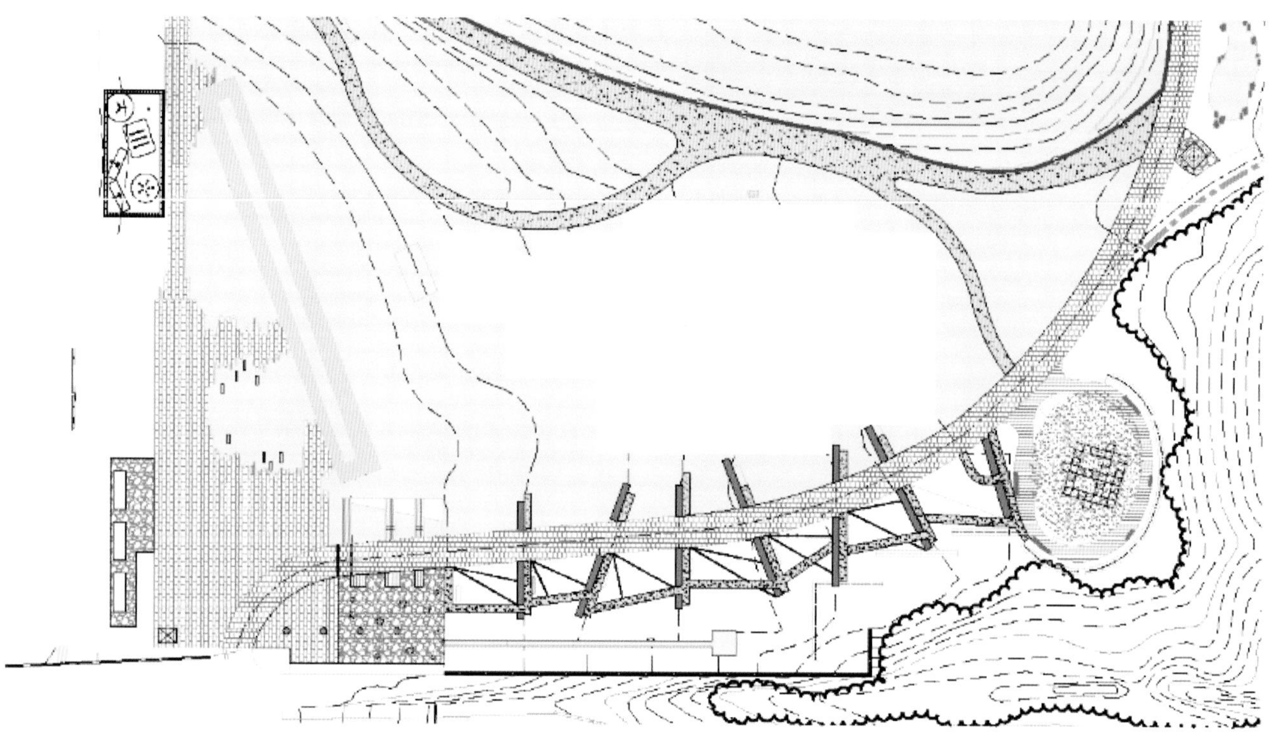

本案中，设计师运用大量的绿化把周围的绿地整合成一片广大的公园绿地，再与自行车的系统相互配合，从而体现出生态、再生等主题。在设计的过程中，设计师考虑了本案其他的优势与缺点，分别处理。

在优势利用上，本案与一大湖泊相邻，因此在使用过程中，游客可以站在很好的角度去观赏这个湖泊；但缺点是，由于本案上空是飞机必经的航线上，经常受到严重的噪声干扰，因此除了下沉空间的降噪外，本基地还利用的喷泉去制造许多的水声来盖过飞机所造成的噪声，用落水的声音为空间带来热闹欢快的氛围，为游客们提供舒适的环境。

技术分析

本案空间设计有别于一般的下沉空间广场设计，本案本身为一旧结构的改造，而不是为了造下沉空间而去进行空间的设计，其过程更重要的是如何保留旧有空间的框架，同时又赋予空间新的生命。本案在细节上面临着许多的挑战，如植栽的种植，由于原结构使用功能上的不同，所以要考虑重新设计时面临的结构变化，如植栽覆土的深度等。

设计问答

（1） 在这个项目中，主要构想是什么，有没有一个具体的主题意象？

本案设计师：公园前身是停止使用的污水处理厂。但停止使用并不意味着拆除毁灭，我们尝试将现场材料的再度运用，保留了场地的历史，同时使场地景观得到新的展现。

（2）本案提倡的生态包含哪些技术呢？

本案设计师：我们在设计过程中保留原有的地形和景观，并让人们可以积极参与部分园区的设计和建造。公园还设立了科普场所让人认识自然环境、水、森林和风景的价值。

（3）本案中有大量的植栽种植，在给排水的处理上曾遇到什么样的挑战吗，如果曾遇到，你们是如何克服的？

本案设计师：由于本案前身是污水处理厂，本身包含了大量的管道、水池、过滤处理系统和水库等，只需利用这些存留下来的设施，将植物选择性地种在排水较好的位置，就能很好地避免这些问题。

（4）在设计中，所强调的生态是指什么，使用的是原生植栽吗？在建材上选择环保的？

本案设计师：生态并不仅存于植栽部分，我们认为，能尽量少地产生拆除垃圾，节省建造的材料成本，使原有场地的转化率达到最大化也是环保生态的一部分。同时，向来到公园的大众传播生态知识，提高大家对生态的认知也是关键的一环。公园内的植栽基本来自当地植物。建材的使用上我们希望能有一个新旧方面的对比，在新建造的部分使用了玻璃、不锈钢、耐候钢等材料。

伊曼纽尔小学

Emmanuel CE Primary School

项目地点： 英国，伦敦

设计师： Hawkins Brown

设计公司： B|D Landscape Architects

本案是一校园户外活动空间的改造设计。设计师的主要构想是要增强外部环境的生态性，因此透过生态的绿化，强化本案的多样性，且整合出来许多有意思的想法，例如加入“可食性”景观，打造一个结合自然环境的可学习的儿童教育空间。

本案中有许多的功能分区，其中以幼龄儿童的户外活动区为一整体空间的亮点。透过设计的安排与呈现，本案的户外活动空间的景观设计以“彩虹”来作为主题，色彩排列以强烈对比的方式呈现，且利用下沉广场的空间来营造儿童主题游乐场空间场域感。

本案设计师在下沉儿童游戏广场的设计上，利用“彩虹”作为主要设计线型的来源与框架，把彩虹完美弧线勾勒出来的彩带转化成儿童的长型座椅。除了色彩的运用，在其座椅材质的选择与空间形塑方面都具有许多得以呈现的细节，而下沉空间的处理也运用了许多空间上的变化，来表现空间韵律的趣味性，并以此作为不同功能区的界定。

ection A-A

技术分析

本案中下沉空间在色彩设计上运用了鲜明的颜色，强化了本案视觉上的吸引力，增加了空间使用时的视觉趣味性。本案色彩的选择也是根据学校建筑的室内空间色彩，进行色彩上的延伸与呼应，呈现整体的统一与和谐。在下沉广场空间主要景观的材质选择中，设计师采用了具有光滑表面的材料，使学校建筑表面非反光的砖造材质与景观中缤纷的色彩形成对比，使颜色能够有更光亮的效果。在坡度的选择上，本案下沉空间的导引坡道运用了较小的角度和坡度，保证儿童在使用时的易用性与安全性。下沉空间营造让本案中的游戏区域有了明显地界定，方便管理区域上的儿童活动。

本案是非商业区域的用途的下沉式景观，是教育性的空间营造设计，强调的不是一般下沉空间所注重的人流流动性和活动聚集空间，而是注重其安全性及趣味性高的孩童游乐广场空间。

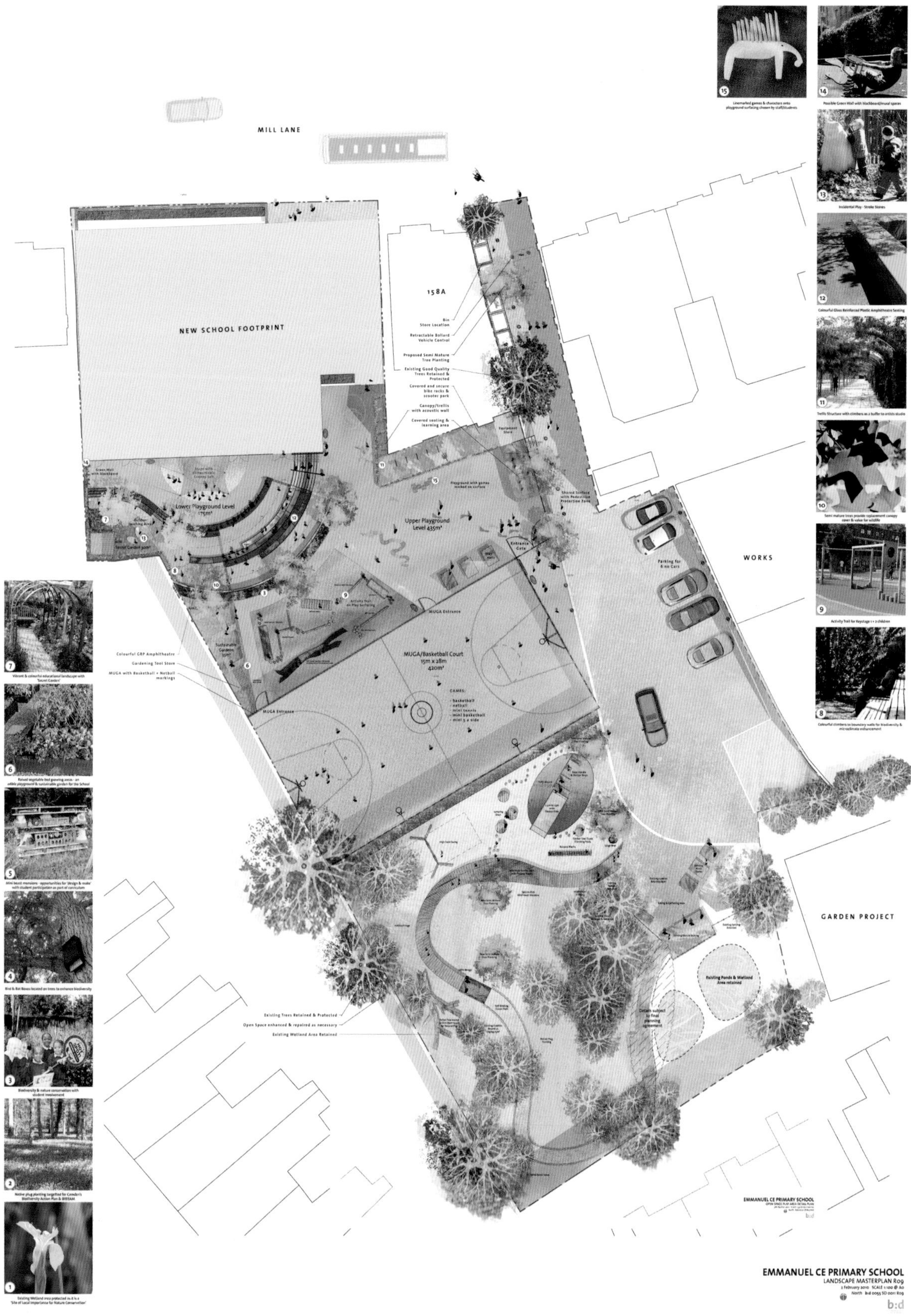
MILL LANE
NEW SCHOOL FOOTPRINT
158A
WORKS
GARDEN PROJECT
MUGA/Basketball Court
Upper Playground Level 435m²
Lower Playground Level
EMMANUEL CE PRIMARY SCHOOL
LANDSCAPE MASTERPLAN R09
b:d

设计问答

（1）本案彩虹的概念是源自于哪里，有没有一个故事在背后支持这个概念？

本案设计师：我们最初尝试过一些颜色的搭配，比如全白色等更有“设计感”的方案，但我们发现学生对彩虹感到特别的兴奋，而且我们希望可以吸引学生到户外来玩耍、学习。所以采用了这一概念。

（2）在彩虹座椅色彩上的运用，是不是觉得因为学校的建筑色彩比较灰冷，所以在景观上的安排上采用鲜艳的色彩，使视觉效果得到更强烈的对比，或是还有更多的想法与故事在背后支持？

本案设计师：从建筑与景观方面来说确实如此。另外，从安全性的角度考虑，下沉广场的座椅连接了小区与建筑入口，从安全性的角度考虑，采用鲜艳的色彩可以提醒人们注意这里的高差。

（3）对彩虹座椅材质的选择，是基于怎样的考虑，而这跟孩童的喜好是否有一定的关联，或是说有更多的想法在背后支持？

本案设计师：彩虹座椅采用了塑料材质，因为其跟石材相比更加柔软，具有可塑性，并且可以满足我们对颜色的需求。

（4）在下沉广场的阶梯通道设计方面，有哪些保障孩童安全的措施呢？

本案设计师：在下沉广场的垂直交通上，我们准备了台阶供给高年级儿童，针对低年级的儿童我们还沿着台阶设置了弧形缓坡，坡道两边的彩虹座椅同时作为扶手使用。

（5）为何会利用下沉的手法来处理空间？

本案设计师：利用下沉的手法是希望将操场与道路进行隔离，但我们不希望设立围墙，因此下沉广场的台阶就能很好地起到围墙的作用；另一方面是学校教学的要求，学校希望有一个空间可以作为发布消息与回忆来使用，下沉广场天然的“剧场”式结构非常适合这一点。

斯洛文尼亚韦莱涅中心步行区

Velenje City Center

建筑面积： 17020 平方米

项目地点： 斯洛文尼亚韦莱涅市

设计公司： ENOTA

设计师： Dean Lah，Milan Tomac，Tjaž Bauer，Andrej Oblak，Polona Ruparčič，Nuša Završnik Šilec，Alja Černe，Nebojša Vertovšek

摄影： Miran Kambič

本案原名为“Promenada”，位于斯洛文尼亚韦莱涅市的中轴线上，是韦莱涅市重要的城市景点。本案的竣工意味着韦莱涅市市中心的复兴。设计师设计目的是让本案重现原有的气质，重获往日的辉煌地位。

在改造前，本案中连通各个平面的道路很宽敞，但是缺乏趣味和美观，这些道路仅仅具备基本的城市道路功能。通过重新改造，道路被赋予相当丰富的内容。设计师把本案原有的道路改成与平面融为一体的台梯，增加了有趣的曲折效果，而且每一级台阶的宽度并不固定，有缩有放。

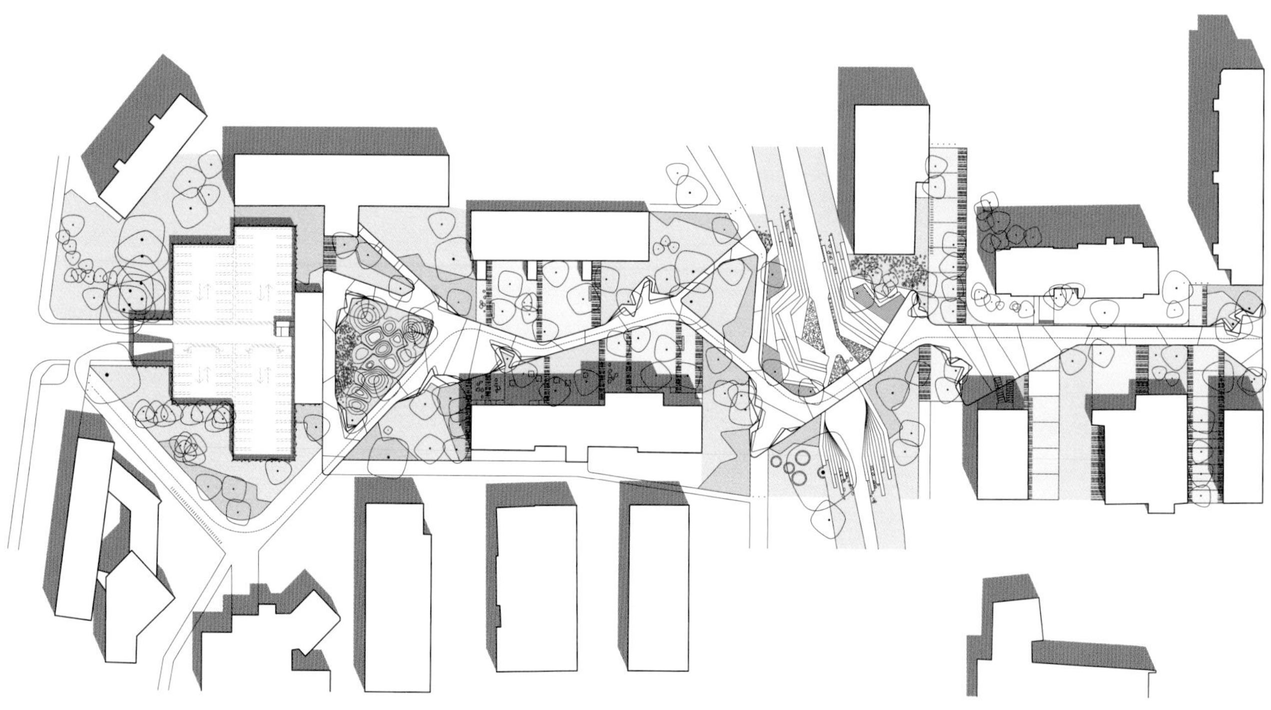

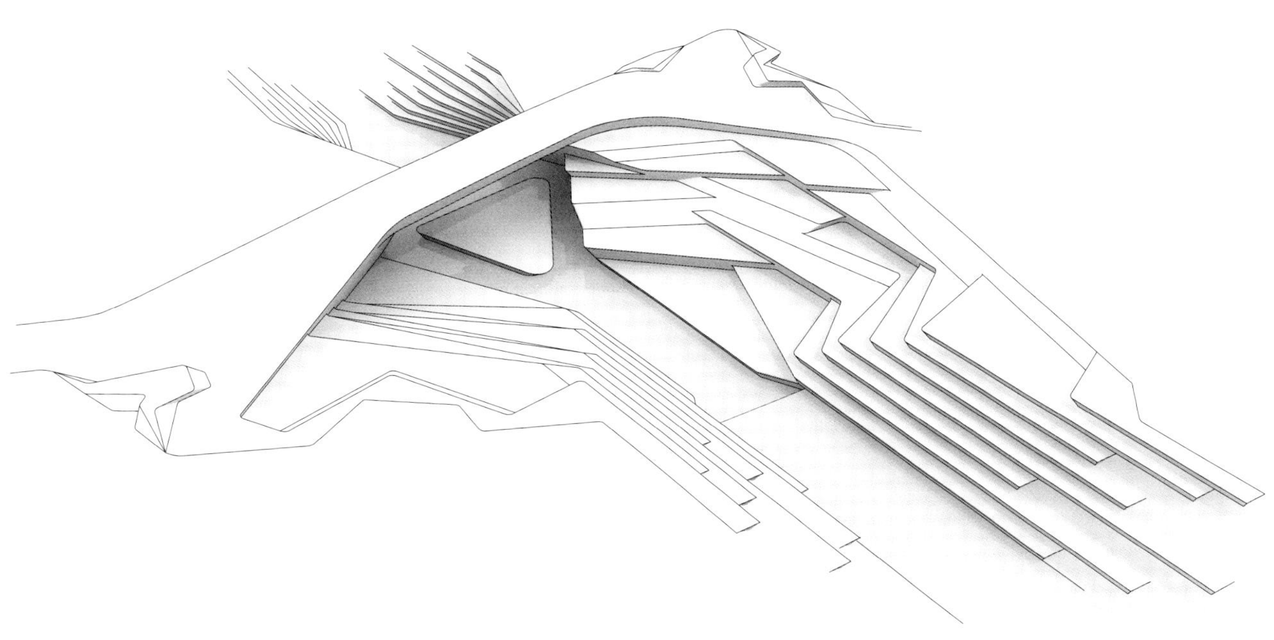

技术分析

河岸两边原本是由台梯连接的数个高低不平的台地，被设计成多个的混凝土几何形平台，平台尺寸比例十分和谐，形成多个可以供游客休憩、停留和交流的空间。

台阶延伸至在河道的两岸，道路与两岸的平面相连。两者相互交织，形成一个滨水休闲景观带和河滨剧场。河流虽然有时水流湍急，但一年中大部分时候水位较为稳定，本案的设计师通过灵活的阶梯式设计适应河流，营造出精彩空间，整个项目成为城镇中最耀眼的明珠。

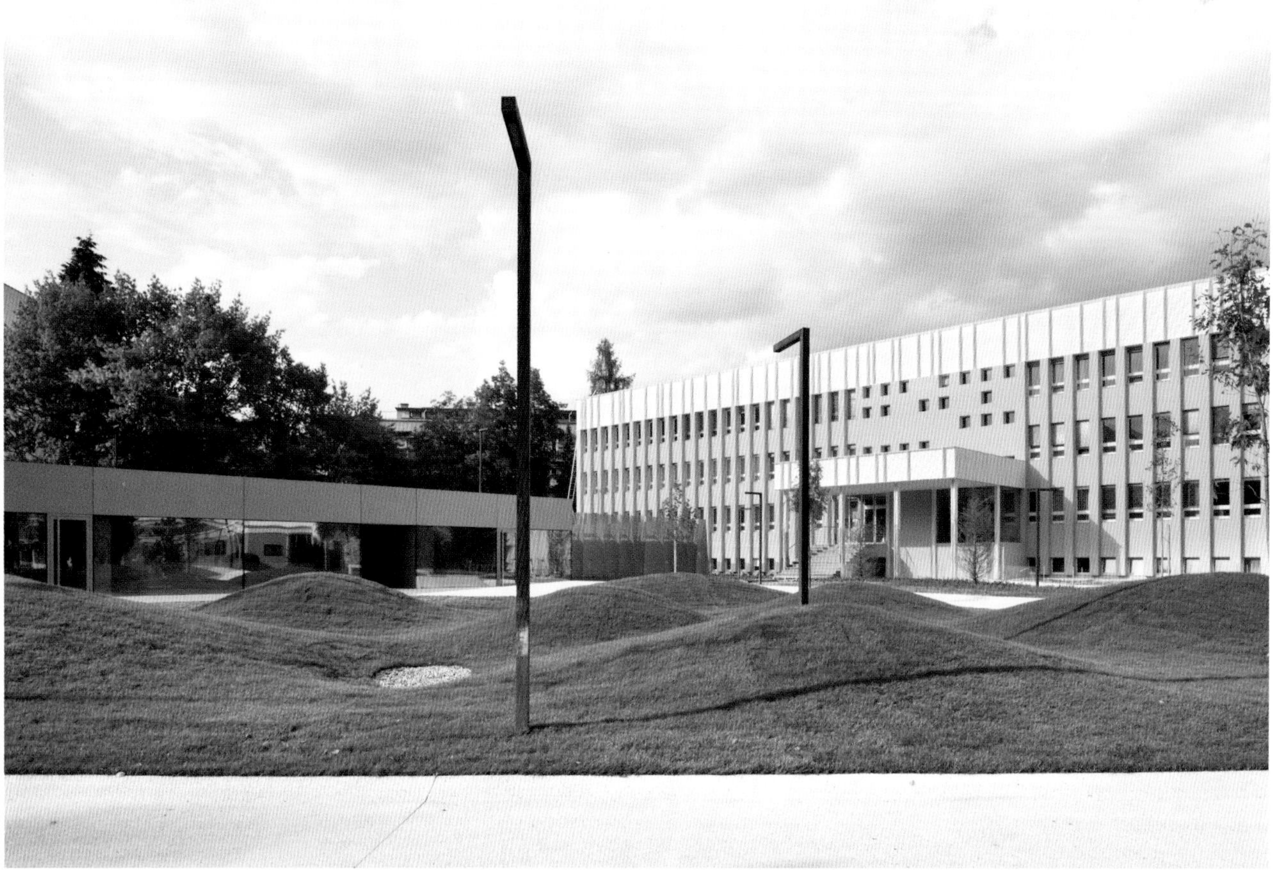

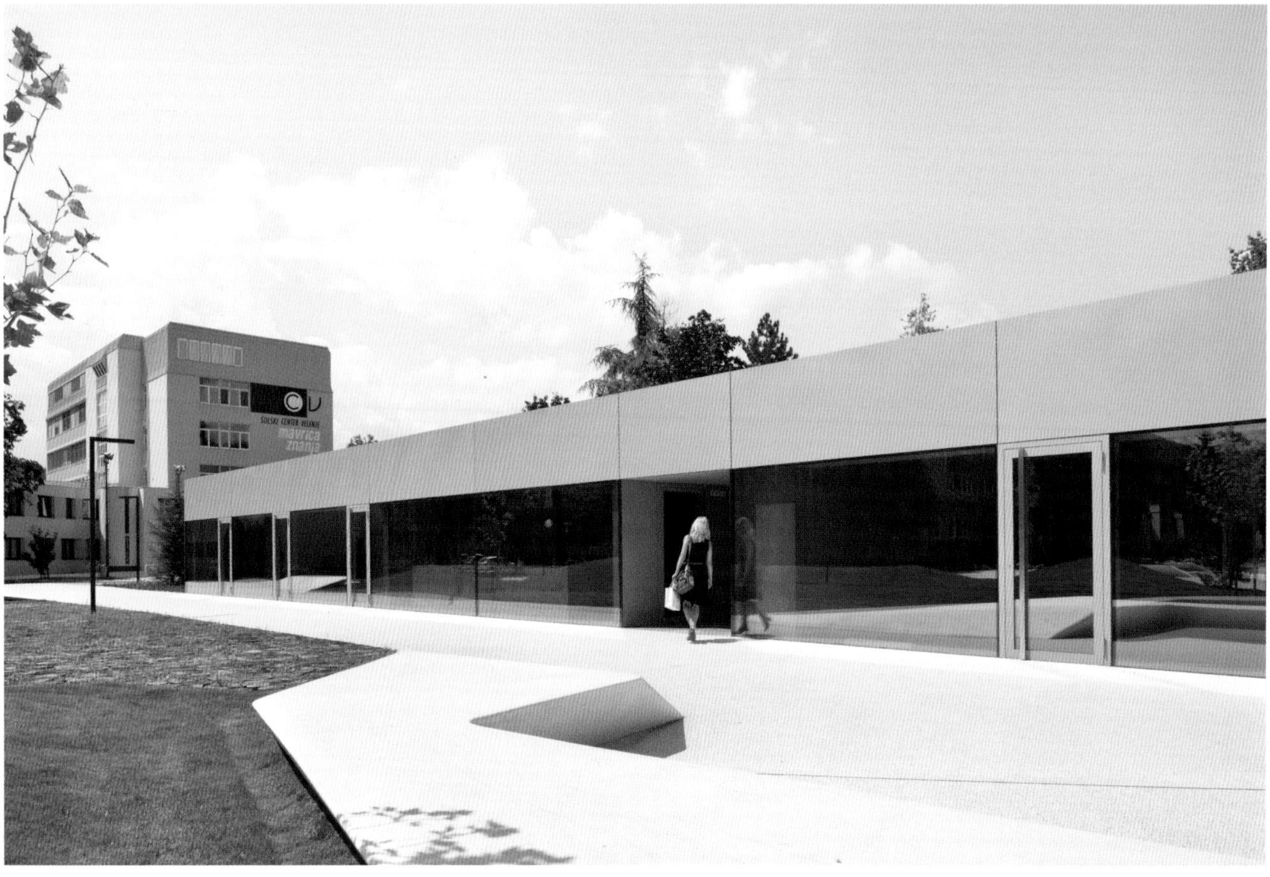
ŠOLSKI CENTER VELENJE
mavrica
znanja

第 4 节　交通舒缓

地面上的空间有限，城市的地面空间随着时代的改变与文明的发展，已形成了向天空和地下发展的趋势。城市交通也开始将大型公共运输移到地下，逐渐将地上的空间释放出来，还给城市中的人们。地下空间的交通疏导对城市来说有很多益处，不仅可以减缓地面上的交通拥挤情况，也可以美化市容，减少噪声，减少废气的排放。下沉广场扮演着一个地面与地下的运输中介角色，就像是一座连接着两个空间的桥梁。因此，在交通的运输上，需要注意的细节有很多。

下沉式广场利用垂直方向的空间高差形成不同标高的平面交通网络，疏导各项交通，尽力排除交叉干扰，实现客流车流各行其道，缓解城市中心的交通压力，形成城市交通核心空间。

城市空间场所的通达性取决于其所能提供的从某一地点到达另一地点的路线长短。下沉广场作为上下空间的衔接体，可以有以下几个立体交通方案。方案一，地面交通组织：下沉广场是城市交通组织的重要节点，在总体平面规划中应将其置于区域中心，并与周边建筑、场地及公交站等紧密联系，从而快速疏导地面客流，缓解中心客流高密度压力。方案二，地下交通组织：城市下沉式广场通常与地铁商业结合设计，并多作为城市地铁的出入口引导客流。通常在设计时将丰富而极具吸引力的小型商铺或餐饮布置于下沉广场中，以满足市民多样化的休闲需求，同时为地面客流提供有效的分流，提高下沉广场使用率。再者，城市下沉式广场通常与城市地下轨道交通系统相连，地铁为广场及与之结合的商业建筑带来大量客流，通过总体规划及建筑设计等手段，将客流按照动线次序合理安排于建筑物内外，间接为下沉广场内的各项活动提供客源支持，保障下沉广场社会经济文化价值的实现。

下沉广场在交通上有着舒解地面上输运量的功能，也有着导引效用。城市发展的进程越来越快，地下空间的发展也越来越深，穿梭在地面与地下已经是现代人生活中不可避免的过程。因此，一个好的下沉空间，将带给人们良好的穿梭体验与生活质量。

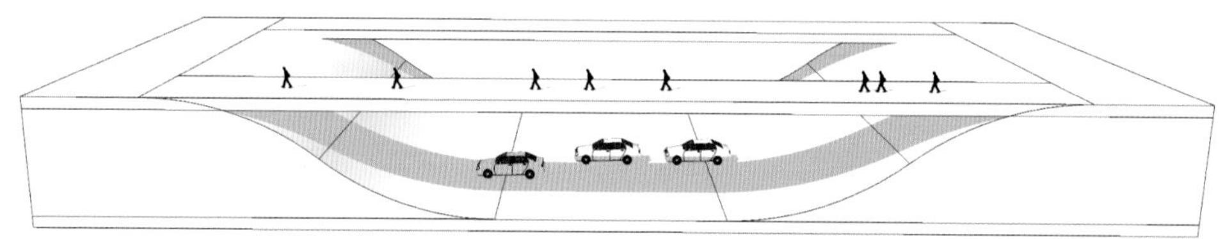

碉堡博物馆中心

Museum Center Blavand

项目地点：丹麦，瓦德

项目面积：2500 平方米

设计公司：Big-BjarkeIngels Group

本案为一个博物馆的下沉景观建筑的设计。本案设计的重点是这个荒漠环境中的空间如何与环境融合，所以利用空间的下沉手法与土地产生密切的连接与渗透。空间有一个从荒漠中精准伸出的切入口，引导人们进入空间，接下来的是四个主题展览区域，四个展览区交错围塑出来的中央间隙形成中心广场。中心广场的四周立面运用具有视觉通透性与反光的大面积落地窗来营造四面轻质的结构，中央广场也同时是一个良好的节点来连接各个空间。四面展馆主题鲜明、一目了然，让游客可以轻松地做出参观的选择。在光线的处理上，设计师透过其中心广场 360 度的设计，让四面的展示空间都能在一天中轮流获得充足的采光，创造景观光线变化的动态之美。

技术分析

本案在景观下沉广场处理上运用方型结构与十字布局，作为空间的主要组成架构。空间的布局与组构利用简明的直线与方形去围塑成广场与结构的入口。在动线的引导上，本案采用放射状路径与中心广场相互配合，呈现由外而内的人流集中与由内而外的人流放射性流动。

而在下沉空间立面的处理上，则运用了大面积采光的玻璃落地窗，增加了空间的通透性，结构体在视觉上减少了空间的压迫感，进而减轻结构的重量感。同时通过立面材质的反射性，利用镜射原理，视觉上空间感被放大，空间中产生了视觉上的反射交错，加强了下沉广场的视觉设计层次。在下沉广场的铺面设计中则采用极简的白灰色，为下沉广场空间带来了具有艺术性展示精神空间的视觉体验感。

本案设计的重点在于四个主题展馆用地景设计的方式去呈现空间感，利用地表的自然特征，并延伸至结构顶盖，在结构与结构间所围塑出来的间隙广场空间则使用了设计上极具线性的笔直路径进行设计，构成主要空间组态，让参观者们能够在自然美景中观赏展览，在参观展览过程中体验与欣赏自然的美景。本案的下沉广场的空间不仅扮演着空间的重点核心，也同时扮演着主要出入口的角色，是路径连接的中心。下沉的广场体现了景观与建筑的美好融合和功能上的实用性。

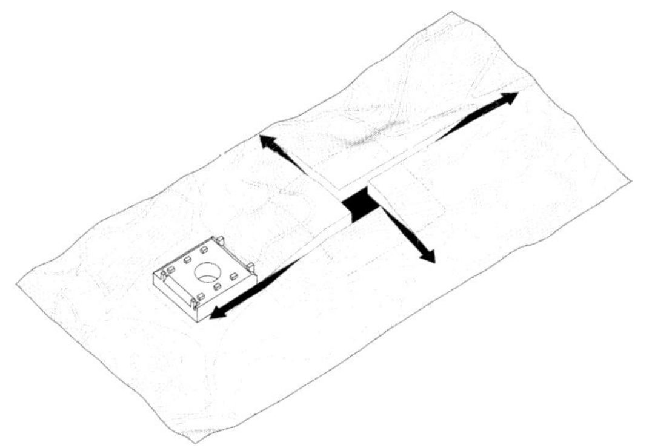

设计问答

（1）这个设计中形体架构的概念是什么？

本案设计师：四个主题展馆的有序排列。

（2）动线的设计简单，采用十字形放射状的动线设计，但这样的设计在人潮众多时会不会有拥塞的现象出现？

本案设计师：我们在建筑的中心设置了一个旋转的门厅，以此分散人流。

（3） 下沉的十字空间的立面上均采用大片落地玻璃窗的用意为何？

本案设计师：用于对内采光。

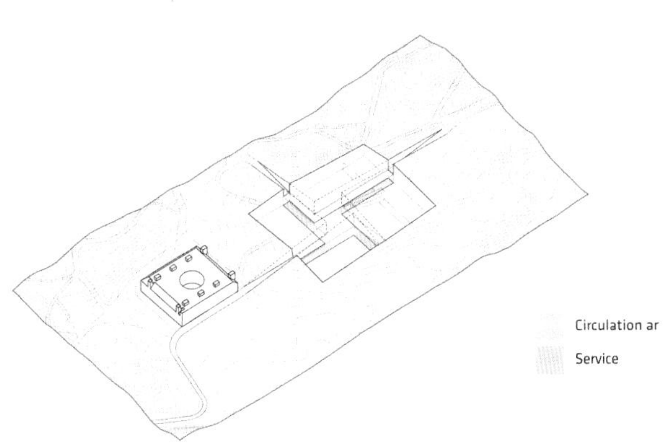

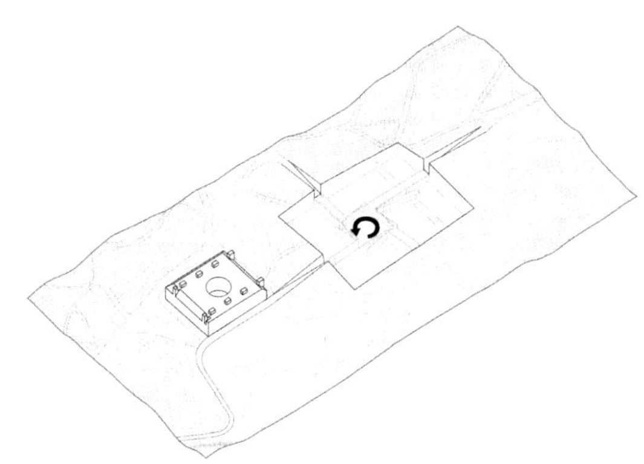

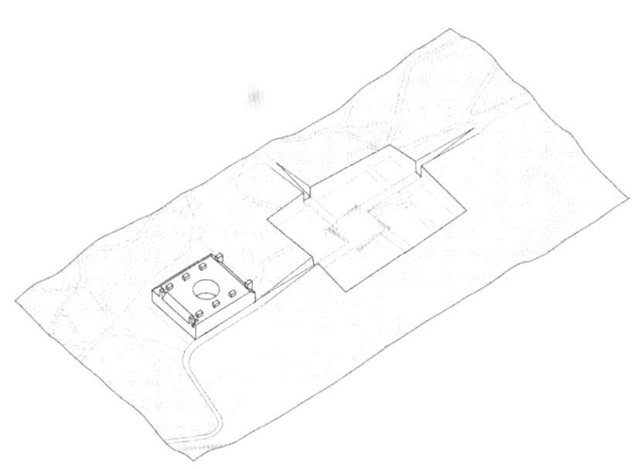

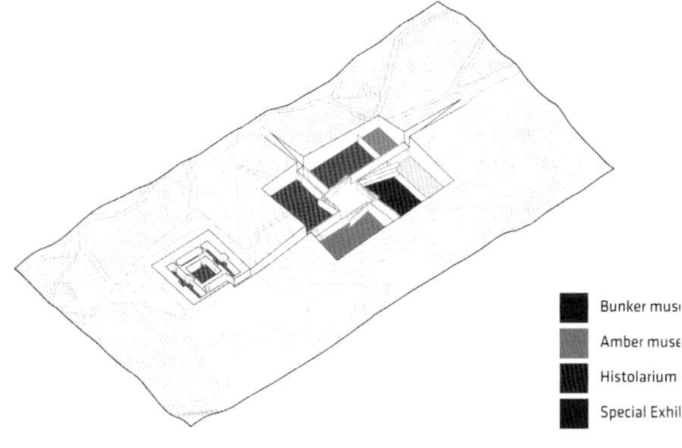

第 5 节　防灾

随着人类文明的快速发展，城市的快速扩张和人口大量的增长，从过去小型的聚落逐渐转变成高楼林立密集的水泥丛林。因此在城市发展中，灾害的防治是一个重要的课题。在传统的聚落里，房舍多为独栋的形式，栋与栋之间有很大的距离，因此只要周边有水源，发生火警或是地震都可以有较大的空间可以避难或是解决问题。但现在的都市就不一样了，在亚洲的许多地区，包括中国和日本，笔者所看到的都市大多呈现极度拥挤的状态，楼房之间的栋距极小，空间联系太过复杂。很多建筑在修建的过程中，在安全上并无完善的考量，皆以最大经济效益的开发为导向，造成许多的楼房在安全上存在相当程度的隐忧。城市的核心更是有着可怕的安全问题，密集的建设区一旦发生问题就可能产生连锁反应。也许城市的建设经年累月，很多地方已无法做太多的改造，但对于地下空间来说，下沉广场的空间改动，是比较容易且可行的做法。

由于地下商业建筑的规模日趋庞大，地下商业建筑防火设计极为重要，而下沉广场在地下建筑中的设计，尤其是消防设计方面，其特点和作用越发凸显：一是有效解决大型地下商业建筑防火分隔；二是可集中解决人员疏散宽度，节约商业面积，降低建筑成本。

下沉广场是一个四周围合或半围合、顶部开敞式的公共空间，就消防设计而言，其有利于防火分隔和人员疏散。下沉广场形状各异，大多为方形，其短边尺寸应既满足建筑间防火间距，又要考虑火灾发生时的热辐射，研究显示最近边缘之间的水平距离不应小于 13 米；但是，当下沉广场为圆形、月牙形等不规则的形状时，其短边尺寸很难把握，建议可将圆、椭圆或月牙形等的短轴等作为短边，再按照短边距离惯例，间隔不应小于 13 米。

下沉广场的开口尺寸直接影响此区域的安全性，设计师要

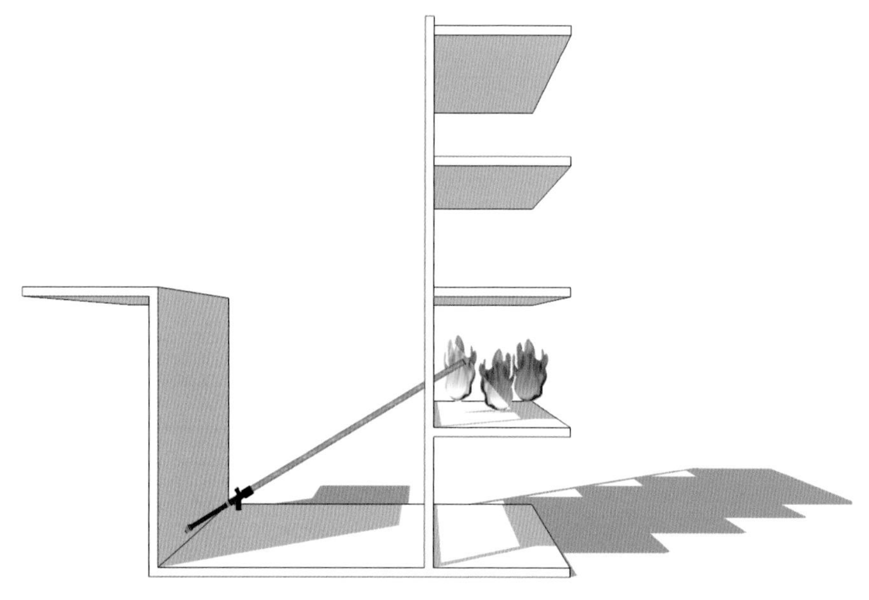

通过对火源的热辐射计算来确保安全间距。火源的热辐射强度随着距离增加和火源热释放率的减小而急剧下降，因此只要限制可燃物的火灾荷载，并且使可燃物之间保持足够的距离，即使没有喷淋系统的保护，也不会发生大规模火灾蔓延。下沉广场在地下商业设计中，常用于防火分隔和人员疏散，研究显示下沉广场面积在扣除室外疏散楼梯、自动扶梯、挑檐投影等面积后，下沉广场的净面积大小会直接影响防火分隔、人员疏散效果。

下沉广场在地下商业建筑设计中是解决建筑内部疏散宽度的重要方式，合理运用下沉广场可使地下商业建筑内部疏散楼梯布置更合理、更经济。下沉广场应设置不少于一个直通地面的疏散楼梯，疏散楼梯的总净宽度应不小于相邻最大防火分区通向下沉广场等室外开敞空间的计算疏散总净宽度。与下沉广场相邻的每个防火分区总开口宽度应不大于下沉广场通至地面的楼梯总宽度，以防止人员拥塞于下沉广场。利用下沉广场疏散的各防火分区，除通向下沉广场疏散出口外，还需设置两个疏散出口。在火灾发生时下沉广场是人员疏散的主要通道，在此情况下，广场需设置必要的消防设施。因此，首先应在下沉广场围合墙面上设置室内消火栓，供火灾发生时使用；二是在下沉广场地面四周应设置排水设施，扑救火灾时可及时排除积水，以免妨碍人员疏散；三是在下沉广场顶部敞开部位四周要设置防火挑檐，防止火灾蔓延。

下沉广场可以提升地下空间防灾效果，其中也是包含了许多设计上的学问，例如在做室内设计的时候，要去考虑到空间使用者活动的类型与活动的范围，才能做出好的空间，而不会造成处理事情的效率变低。设计下沉广场也是一样，需要注意其空间大小，还有动线设计，才可以在发生紧急事故的时候有一个高效救灾行动的方案可供执行。

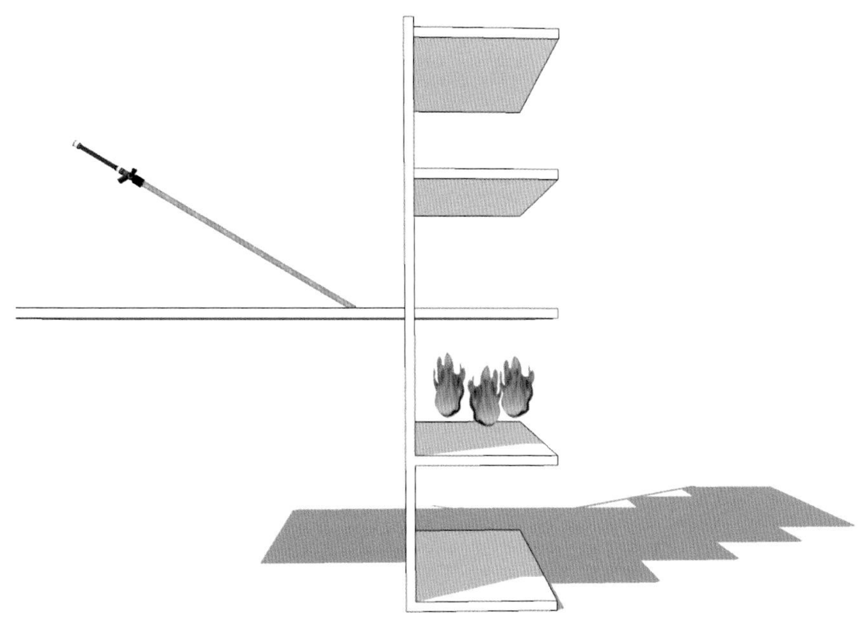

第6节　雨水收集与排水

水是很重要的资源，是人类必要的重要的生存条件。但很多地方收集水资源是相当不容易的，虽然部分地区有时气候多雨，但因为当地的天然地形加上城市中大量的不透水人工铺面的设置，会造成雨水落下到地表后也大量流失。

因此，人类在地表上可以收集到的雨水是相当有限的。虽然地球表面上有百分之八十都被水覆盖，但其中只有淡水的部分才是人类能够摄取的。因此，淡水资源的收集是人类文明发展中的一项关键议题，受到大众的关注与研究。人类社会的发展是从农业走到工业再走到高科技产业，这也是世界文明发展的主要架构与脉络。但在发展的过程中，最容易产生问题的是前面两个阶段——农业与工业，因为在这两个阶段的发展过程中，会产生大量受污染的工业废水，这些废水会顺着河流排入大海或是渗入地下，甚至蒸发到空气中。因此，过滤的技术开始受到重视，人类开始研究水的循环，开始提出和设计一些净化水质的概念。雨水花园的出现，就是为了解决大量的地表径流所产生的问题，同时也达到过滤及净化的效果，让地下水的质量得以改善。而人类也开始研究一些汲水的装置，如早晨的荷花池中，荷花叶上的绒毛就是收集露水的构造，透过这种生态微观的研究，人们开发了仿生设计。人们开始懂得空气中是如何生成水滴的，开始了解如何在充满水气的日常生活中制造可以利用的水资源。

海绵城市是新的城市雨洪管理概念，国际上被称为低影响开发雨水系统构建（LID）。海绵城市是未来城市的发展方向，而建造雨水花园是实现海绵城市的一个重要技术与设计手段。雨水花园对雨水进行自然净化与处理，是一种高效低成本的生态滞留设施，也是一种生态可持续的雨洪控制与雨水利用设施。雨水花园是自然形成的或人工挖掘的浅凹型绿地，被用于汇聚并吸收来自屋顶或地面的雨水，通过植物、沙土的综合作用使雨水得到净化，并使之逐渐渗入土壤，涵养地下水，或使之补

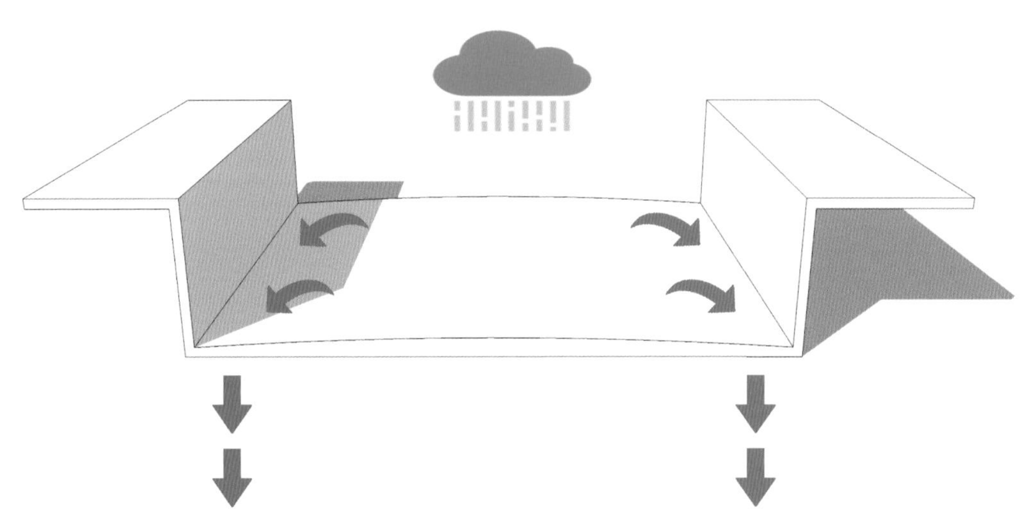

给景观用水、厕所用水等城市用水。雨水花园是雨水利用的绿色基础设施，为重建城市基底的涵水功能提供新的突破口。中国古代徽州民居建筑中，就通过屋顶内侧坡将雨水从四面流入天井，落到堂屋下方的雨水收集池，进行收集利用，这种布局俗称“四水归堂”，典型案例有黄山宏村。

真正意义上的雨水花园形成于 20 世纪 90 年代。在美国马里兰州的乔治王子郡（Prince George’s County），一名地产开发商在建住宅区时，用一个生态滞留与吸收雨水的场地来代替传统的雨洪最优管理系统，在该郡环境资源部的协助下，该区每一栋住宅配建 30 到 40 平方米的雨水花园，追踪监测结果显示，雨水花园平均减少了 75% ～ 80% 地面雨水径流量。它的建造被证明是高效而又节约的。此后，在世界各地都开始广泛地建造各种形式的雨水花园。雨水花园主要由五部分组成，分别是蓄水层、覆盖层、种植土壤层、人工填料层、砾石层。设计者解决了空间、环境、植物如何结合的问题，雨水花园建造解决的是基础问题，以达到艺术与技术的统一。雨水花园的植物，主要针对雨水的水流特征和污染物的特征，选择适用的湿生、水生植物种类，并兼具景观观赏性的独特植物。

下沉式景观和广场可以兼具雨水花园的功能，主要是利用景观和场地的土壤、植被等的生物作用、物理作用及化学作用等来实现对雨水的处理，具体功能为：第一，植被的蒸腾作用与蓄积雨水的蒸发作用可调节周边环境的温度和湿度，缓解热岛效应；第二，土壤、植被的渗透作用与截流作用可增加雨水地表径流阻碍，削减流量，补充地下水源，降低洪涝发生率；第三，它能够有效去除雨洪径流中的各类污染物，如重金属去除率可达 45%~95%，总悬浮固体（TSS）去除率可达 80%，总氮（TN）去除率可达 50%，总磷（TP）去除率可达 60%，病原体去除率可达 70%~100%。

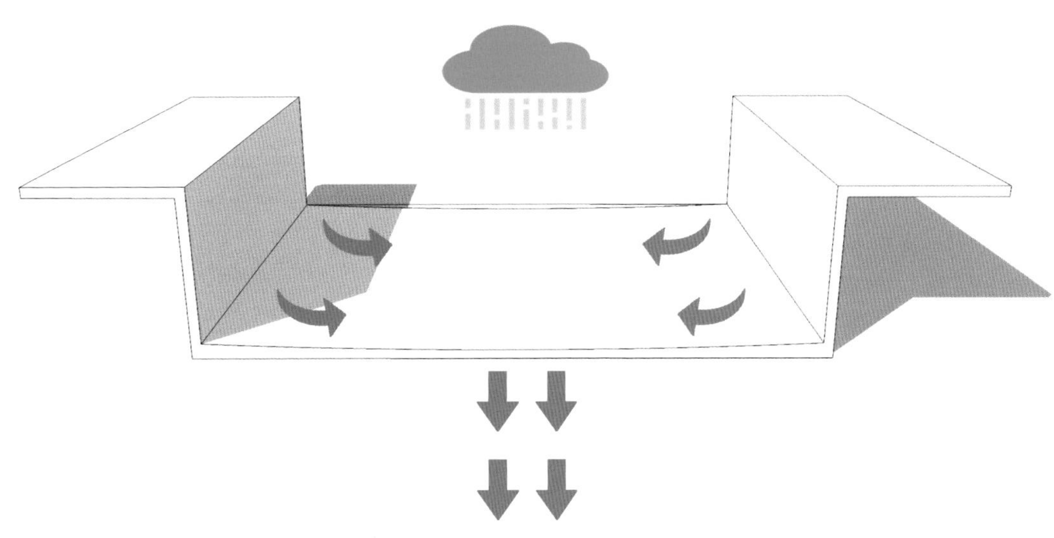

雨水花园的下沉式景观内植株的选择有下面几项原则：第一，所选植物要以四季性植物为主，如灌木、蕨类植物；第二，排除妨碍交通安全、有毒类的植株；第三，选择耐涝型植物，在水中浸泡 24 小时仍可存活的植株。在建设节约型社会、推广节能减排的社会发展背景下，雨水花园作为雨洪控制与利用的重要设施，不仅能促进水资源的循环利用，调节大气环境，还能控制径流污染，具有较为广阔的发展前景，值得在城市建设中推广使用。

下沉广场是水流的汇聚地，因此在大量水径流的汇聚下，在排水的同时，对于水资源的收集再利用也是一项重要的课题。因为水往低处流，所以在地平线下的水资源收集势必会运用抽水系统才能将水运往地面。同时，也要考虑地下空间的用水情况，地平线下所收集到的水资源是否能够满足供应需求。将地平线下所收集到的水资源，妥善送往更深的地底储水槽，送到地下的卫浴使用或是清洁用水，减少需要将水往上抽的行为，进而达到节能减碳的双赢局面。下沉广场本身的结构就是收集水资源的碗型造型，但由于空间不单具备储水池的功能，其中加入了人潮的活动，还要考量复杂的商业效益以及设计美学，因此水资源的收集也变得没有这么简单，需要注意的环节很多，才能做出好的下沉广场设计。

水在地球上的存在是相当有意思的，有人说是水孕育了生命，还有俗话说“水能载舟，亦能覆舟”，水的力量是不容小觑的。从景观建筑的角度来看待“水”，最直接的影响要素就是雨水与地下水了。现代的城市中，城市的建设大多利用硬铺面来塑造城市的基底，因为在城市的地下，通常还会存在有许多的可利用空间，它们大多为人造的硬铺面所组成，可以说是整个城市的基座。在过去，人类城市的建设强度还没有这么高，对降雨没有太多的注意与防备，但随着全球暖化的问题越来越严重，暴雨径流量的大增，人们对大自然开始产生了的敬畏与戒心，开始尝试找寻可以解决问题的方法。因此，近几年来“排水”这门学问成了建设中考量的重要元素。下沉广场的空间呈现碗状，因此，从一般物理学的角度来看，水会往低处流，下沉广场成了水往低处流的径流目标，这样的情况下，排水设计将会是一个重点。

由于下沉式广场地面低于室外地面，其内部雨水要靠水泵才能排至室外。下沉式广场集水坑的水泵至少是一用一备。在高水位报警后，要启动第二台水泵，确保积水尽快排出室外。商业建筑的下沉式广场雨水排水尤为重要，设计时要考虑排水整个过程中的环节，其中任一个环节出现问题，都将直接影响排水的时效。开发商也愿意在排水安全方面增加投资，避免后续因水淹带来不可估量的损失和麻烦。另外，对于下沉式广场这种特殊场合的排水，不能照搬规范，而应该根据其应用环境的重要性合理设计，要基于规范，有时甚至要高于规范，为设计及运营留有余地，确保排水和安全性。

在条件许可的情况下，下沉广场的雨排水设计，应采用加大雨水泵坑调节容积，使其起到雨水调蓄的作用，降低雨水泵的设计流量，并采用最大日降雨量进行校核，保证室外雨水管网能够接纳雨水泵的流量，并减少排水设备的初期投资和后期维护费用。上述设计方法是可行的，在室外广场外线条件或市政接入管网的能力有限时，采用上述方法是有必要的。但是，如果要设置较大的雨水泵坑调节容积，有时在工程中实现难度较大，必须采用较高标准的雨水设计流量排出。设计时可以校正和核准调整排水下游管道管径，或在接入检查井附近的低洼区域设置雨水口，使泵出的雨水及时排至室外地面。再者可以利用室外的雨水调蓄设施，消纳下沉广场的雨水设计流量。应关注的问题有三点：首先，排入雨水泵坑的管渠仍要按雨水排水流量设计，应满足规范及当地规定；其次，下沉广场的雨水泵坑不应设于室内，如果受条件所限必须设于室内时，其溢流应排至室外，应有防止雨水泵坑内雨水不能及时排出时，雨水倒灌至室内的措施；再次，应有防止其他雨水区域进入下沉庭院的措施；最后，当下沉广场与地下建筑连通时，下沉广场地面应低于连通层的地面或在门洞处设挡水构造，以免雨水倒灌至室内。

雨水与地表径流是水体进入下沉广场最直接的方式。因此，在我们设计下沉广场时，要注意在其广场空间的上缘口有没有做好地表径流的引流工作，以便避免过多的水体直接进到下沉空间，造成灾害的发生。也要注意如何才能排出下沉空间的水体，了解水体的输送是否可以承载最高时的暴雨流量，避免水体直接堆积在下凹的空间中，造成水淹的灾害。

下沉广场的空间虽然能够解决很多问题，但有优点的同时也是有缺点的，其空间最大的缺点就是需要去解决水体汇流的问题，毕竟水往低处流是大自然中不可违逆的物理法则，其法则衍生出来的影响，是目前下沉广场设计最大的冲击与挑战。

Benthemplein 水上公园

Water Square Benthemplein

项目地点：荷兰，鹿特丹

项目面积：9500 平方米

设计团队：Roberto Schumacher,，Jens Jorritsma,，Eduardo Marín，Tim Peeters,，Dirk van Peijpe

景观设计：DE URBANISTEN 公司

本案是鹿特丹第一个大型的多功能城市广场，它为改善城市水质量提供了帮助。天气良好时，本案被用作传统的体育场地；天气不好时，则成为非传统的集水池。

De Urbanisten 公司的设计没有采用昂贵的地下雨水储存系统。相反，运用了双重视觉元素打造这个水广场，使其在不同季节都能成为一道亮丽的风景。

本案作为一个广场，吸引了许多城市居民前来游乐。广场有三个不同深度的混凝土盆地。在干燥的季节用于不同功能的活动空间；当到了雨水充沛的季节，盆地就会被雨水淹没，以此缓解鹿特丹的雨水排水系统。

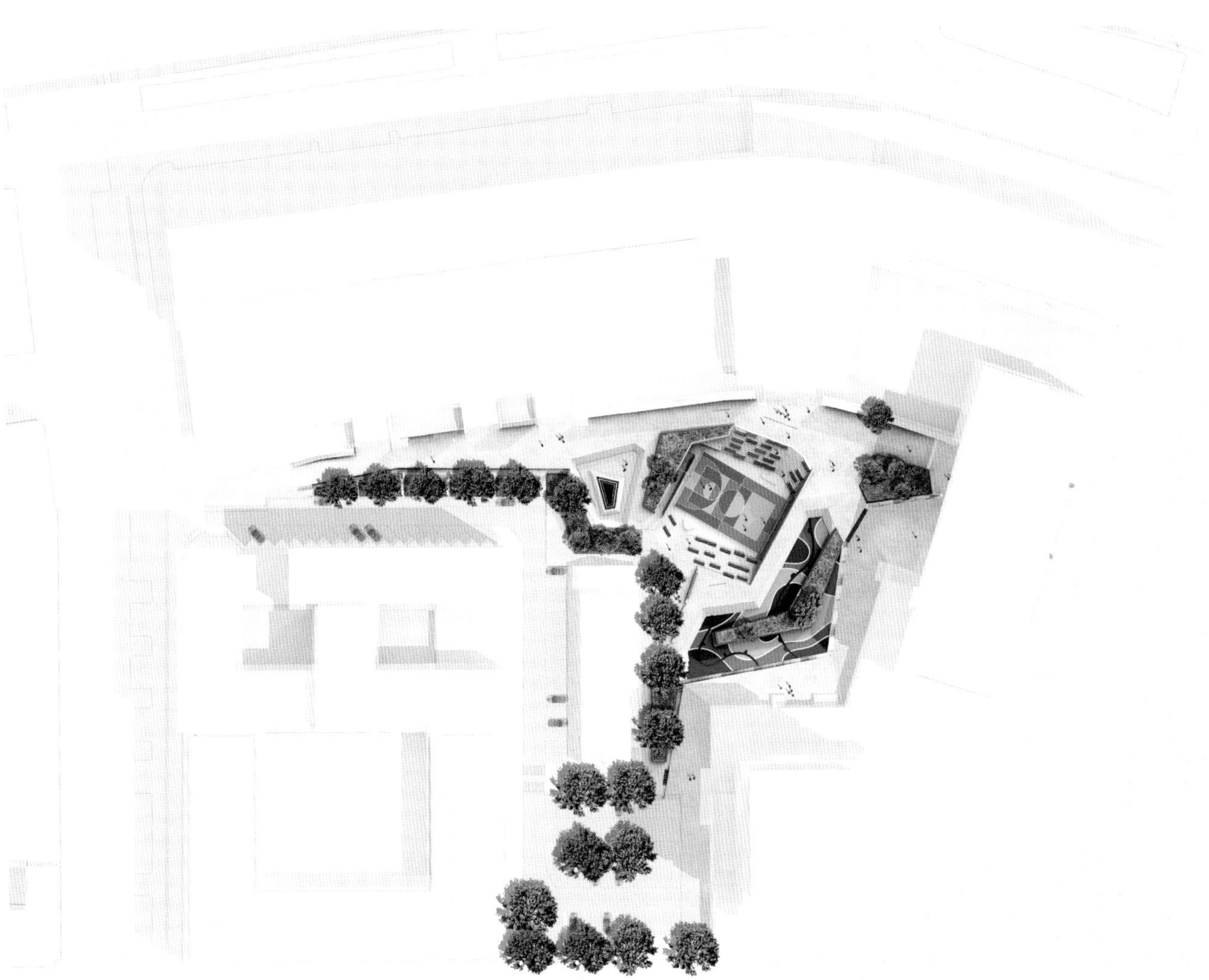

技术分析

广场附近和屋顶的水都会被收集到盆地中，在广场中间形成三个小湖。下雨时，城市的运河系统有足够的容量允许雨水流入，广场内积水慢慢消退，再一次将活动空间腾出。同时，水广场的概念还改善了城市开放水环境的质量，防止不干净的水直接流入运河中。

广场的三个盆地，都被绘上了不同深度的蓝色，仿佛气候图上的等压线。开放的不锈钢锯齿形水槽不仅可以输送水，同时还是轮滑爱好者的天堂。广场内设有景墙瀑布，瀑布的流量是由降雨量来决的，水由瀑布最终流入到盆地中。

第 7 节　通风

风是空气中的气体分子受温度变化所产生的现象，地球的表面包裹一层厚厚的大气层，这些气体提供了人类必须的氧气来维持生命，而这些气体分子在地表上的流动，对人类的生活产生最直接的影响。

我们到了一个空旷的地方，经常可以感受到一阵阵大风的吹拂，若我们到了高楼林立的市中心，则经常能够感受到由大楼狭缝中所产生大风压的城市风动。风的强弱对于人们来说是具有相当影响力的。如果微风拂过，人们通常会感到舒适，但若是强风，人们也许心理会开始感受到害怕。因此，适度的风动力量调整，对空间使用者们来说是相当重要的。

风在空气中流动，会受到不同地形起伏的变化，而改变风所行经的路线。根据风动力学理论所描述的现象来观察，风其实会受到一些固定的造型的影响，产生一些显著的变化效果。当初飞机的发明者莱特兄弟发现了如果机翼上添加特殊的造型设计，就能够让风在机翼上的流动产生强大的浮力，让飞机翱翔天际。在海边，我们经常会受到海水以及潮汐的影响，感受到其环境所产生的强烈海风，因而常需要种植防风林来阻挡海风对沿岸的侵蚀效果。因此，当我们在设计下沉广场时，也要去思考如何才能将风的流动控制得恰到好处，让身处下沉空间中的游客感受到良好的广场空间体验。

下沉广场的布局通常位于地下商业建筑的端部、角部和中部，它们对地下商业建筑的通风性能具有很大的影响。与地上建筑不同，地下商业建筑的通风以大地作为冷源，以室内商业动线作为风道。研究显示，在其他模拟条件一致的情况下，地下商业体较地上商业体的风速更高，反映了大地对热压通风具有影响作用。

下沉广场越靠近地下商业的形心，形成的通风进深越小，则商业空间内部的平均风速越高，分布均匀性越好。在地下商业建筑内部，中庭与下沉广场之间是进、出风口关系，越接近两者连接（往往是商业动线）的区域范围风速越高。布局设计时应注意中庭与下沉广场的位置关系及两者对地下空间拉动的作用域范围。另外，下沉广场对室内气温的湿润及温度方面具有改善作用，作用效果因下沉广场布局而异，但均能够较显著地扩大室内热舒适基础区域范围。

简而言之，下沉广场的出现，将有助于其周边连通的地下商业或其他用途空间产生风动力的通风效果，让地下空间得以产生气体的流动循环，以减少空调系统的运作，使节能减碳的效益有大幅度提升。因此，下沉广场空间的建立应是伴随着地面下大量的空间需求，其使用效益才能够明显的表现出来，除了带动地下空间空气的流动外，对于地下空间湿度、温度的影响也拥有一定程度上的调控能力。因此，在我们设计一个下沉广场时，要思考，你到底想为这个基地产生多大的效益，才来决定你要做多大下沉空间的开挖与设计，因为其中每个环节的影响，都是环环相扣，绝对不是表面上看起来这么的平凡无奇的。

飕居

Blow House

项目地点：智利，圣地亚哥

项目面积：1460 平方米

建筑设计：Cazu Zegers García

景观设计：Teresa Mollery

设计公司：CazúZegers Architecture & Teresa Mollery asociados

本案将呼吸作为整体设计的概念，因此在设计中可以看到许多弧形墙面的设置，它们塑造了这个具有流动及雕塑感的空间，而在空间中也有许多的内部结构体来呼应空间关联。例如空间中的隔间墙，除了可以切割空间外，也为这个空间带来了更多的路径，以及许多允许气体通过的管道，而这些蜿蜒的管道的组构就像是在整体空间当中的空气循环系统。

技术分析

在景观空间的处理上，本案以连续带状的空间感以及弧形连续墙体营造了整体的设计律动感。这些弧形墙的设计让空间的天景分割成许多的弧形片状，也因为这些片状开口，让下沉的景观空间得以获得因时序变化形成的独特光与阴影效果和空间中幻化流动的视觉体验。

本案采用两垂直高墙呈现一个包覆性强烈的封闭景观空间，让人能够受到蜿蜒的路径以及封闭感强烈的视线，获得更加强烈的空间神秘性与吸引力。在色调选择上，整体的色系采用的是诙谐色系，运用类似清水模的设计感加以呈现空间表情，以雕塑为主的艺术感去呈现整体的空间氛围与质感。

本案设计者将整体的别墅庭院空间注入了以艺术性为主的空间设计感受，让使用者在移动中，能够因为空间上设计的巧思，感受到抽象意念与质感的具象呈现。本案中有许多的功能性设施，如楼梯、坡道、隧道这类的空间，都以较艺术的线性比例尺寸及质感来呈现装置与空间的对话。本案的特点是别墅后花园的户外艺术博物馆或像艺廊性质的文化空间展示。下沉的设计手法营造了许多精神性空间的展示，本案体现了景观与艺术性的结合关系。

设计问答

（1）为何在本案设计元素中，呼吸系统会是形体架构的概念，这跟本案设计需求有何关联，是否有个故事在背后支撑这个概念？

本案设计师：建筑的灵感来自于法国塞纳 - 马恩省的弧墙雕塑，我们是要打造如风吹过的感受一般的建筑。

（2）在这样的一个以呼吸系统为概念的空间中，气流上的导引是否有考虑基地的气候的状况而给予一个具有气流导引性的空间设计？

本案设计师：建筑内部的空间是对景观开放的，弧形的墙壁可以引导气流吹进室内，为室内带来清新的空气。

（3）在采光方面，本案墙体的设计给采光过程中带来什么视觉体验？

本案设计师：相对于墙壁的光影效果，我更愿意强调的是人经过这些蜿蜒的弧形墙面所带来的心灵感受。

（4）本案中蜿蜒的路径搭配视觉空间的切割与组合，是否要营造如迷宫般的空间体验感？如果是，那是为了什么，会不会有危险性？

本案设计师：法国塞纳 - 马恩省的装置艺术作品常常让人仿佛行走于“铜墙铁壁”之中，在震撼颤栗之余感到晕眩与敬畏。这座建筑正是追寻这样的效果。因为这是私人建筑，主人对场地非常了解，不存在安全性的问题。

（5）本案为何使用清水模诙谐的色彩系列感？

本案设计师：清水混凝土的可塑性非常强，因而被使用在这个建筑上，并且希望建筑能体现出原始自然的气息，所以要保留混凝土的颜色和质感。

altura
+540
540
-20
360
340
34
280
+-00
+150
20
300
280
280

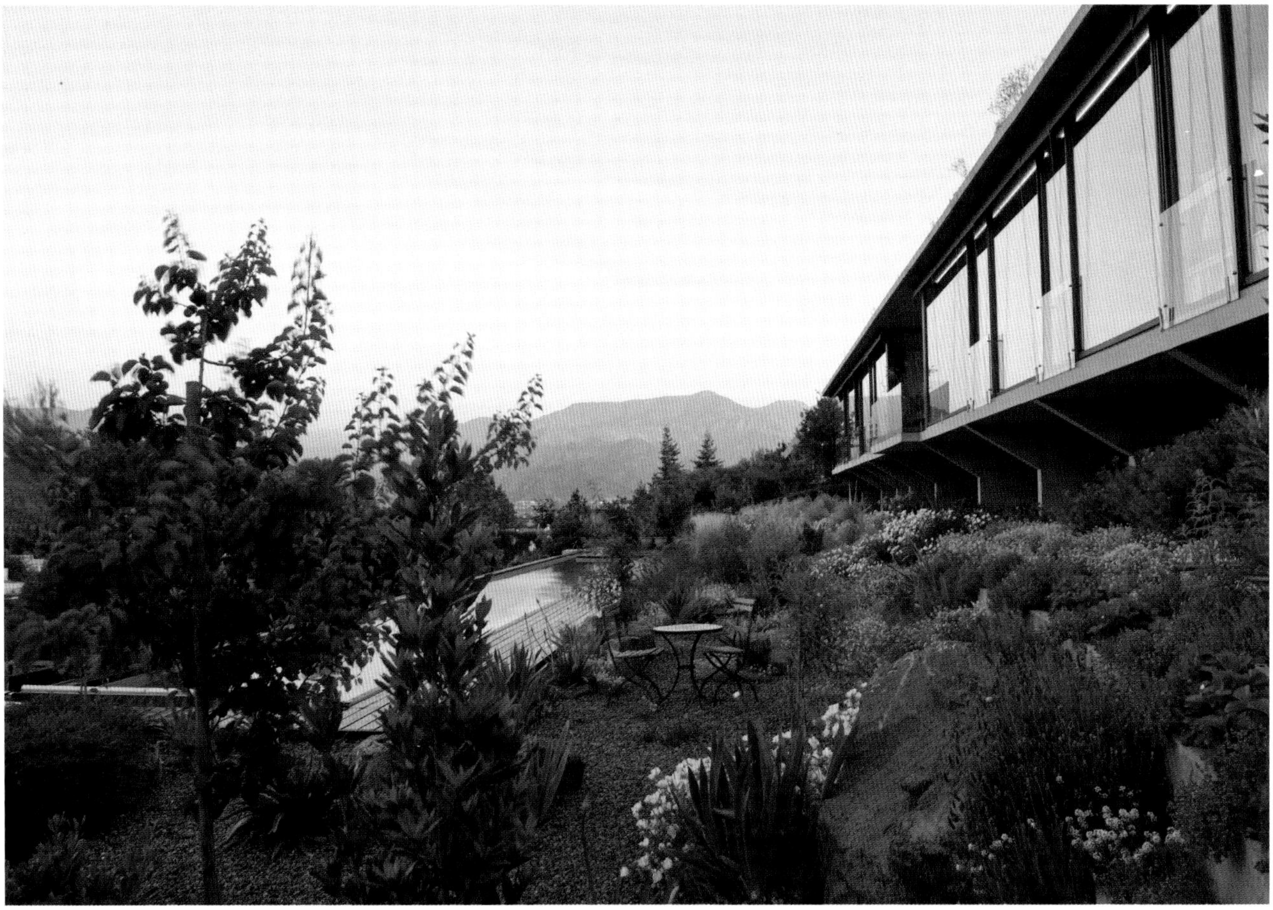

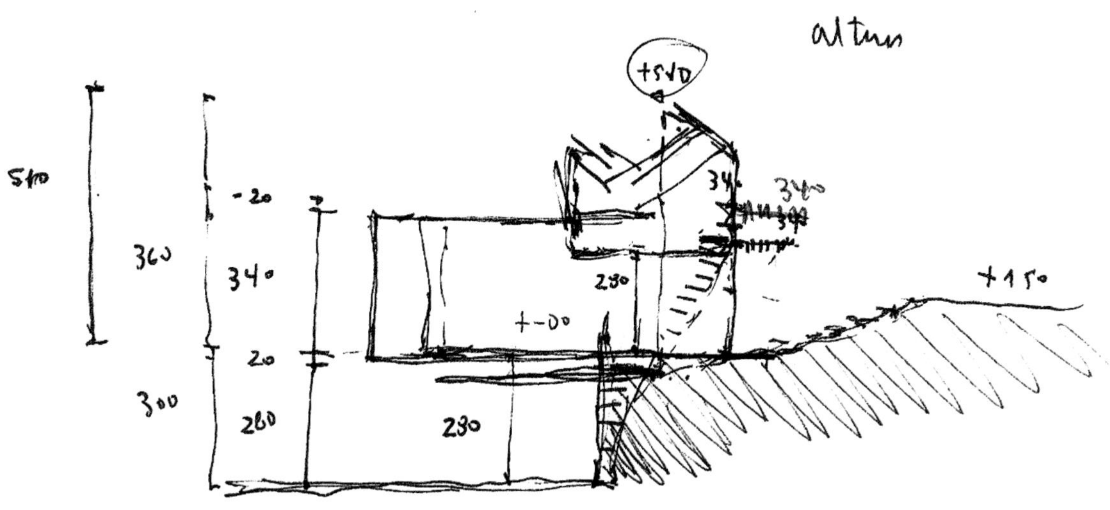

第 3 章

下沉景观

设计原则

第 1 节　空间尺度把控

空间的大小会影响使用者在其中的使用感受，这些感受与人类出生到长大过程中所接触的文化、文明有绝对的关系。一个刚出生的小孩，你若没有教导他，他将不知道何为恐惧，而他也将无所畏惧。在他的视界里，仅仅是观察他所见的一切事物，也将不会有任何情感因素，而在大人们的教导下，他才逐渐开始了解到什么是大家所惧怕的事物，因而受到了大众认知的影响而产生类似的情感因素，逐渐与大众拥有相同的思维。因此，从大众心理学的角度来看，环境空间的尺度大小，对一般人心理状态有相当程度上的影响。举例来说，一般而言，如果空间狭小、色调灰暗，环境潮湿且闷热，这将带给使用该空间的人们恐惧与不舒服的感觉；反之，若空间宽敞、采光明亮、空气凉爽，这将带给空间使用者愉悦的心情与舒适的感受。

随着历史的发展和文明的推进，人类开始了解到土地资源的有限，而拥有好的条件与环境资源的土地更为有限。因此，人们开始集结群体，建构势力，进而开始掠夺，发生战争行为而建立国家。人们逐渐了解到土地空间的价值，所以除了扩张领土外，也开始进行空间设计，用开阔的空间和精美的艺术，在有限的土地上来彰显自己，广场因而诞生。追本溯源，广场最大的用途是为人们提供聚集与活动的场所。

世界历史上有好多的王朝都喜欢用广场空间来彰显至高权力与威严。运用空间的尺度，与精美的雕塑来表现恢宏的气势，以震慑人心。如古罗马竞技场，用巨大的剧场空间来进行血腥格斗演出，来表现古罗马的强权与威势。而中国古代皇城紫禁城，也是用了大量的方型下沉广场来排列宫殿，用空间的垂直落差，创造阶梯登殿的模式，将皇帝的权力拱上最高点，给世人君临天下的感觉。到了近代，随着君王专制的体制崩解，民主的时代来临，下沉广场变成了民间的活动场所。不同地方的下沉广场展现不同的功能，小则是一般市井庭院，给住家空间美学上的体验，中则是一般社区公园，带来空间上与环境调节的功能，大则是市中心的巨蛋中心，给群众带来精彩演出。

从古至今，国家统治者对基本的社会活动，尤其是广场的建设都具有重要的影响。这里所指的尺度包括广场形状、引入标志及一些固定的构筑物。如市民广场、交通广场、商业广场这种人流密集的地方尺度就可以放大，而纪念性广场和街道广场的尺度就可以适当减小。数据显示欧洲下沉广场面积的平均值为 1.5 公顷，远远低于中国。中国国土资源部于 2004 年下发相关通知，指出原则上大、中、小城市的广场分别不能超过五公顷、三公顷和二公顷。色彩尺度也应一并把握，合理的色彩搭配有益于带来良好的社会效应。一个尺度舒适、空间开敞、形象出众的下沉广场会成为地下空间的良好商业形象，为其增加商业吸引力。

尺度的大与小，对人们有很大程度的影响，通过一些文献和数据我们可以了解到，不同的下沉广场空间会产生不同的意义。而一个好的下沉广场设计，需要谨慎地评估其制造项目的意义与动机，明确目的之后要去思考，究竟什么样的空间尺度才是正确的大小与比例，才能够将空间的氛围与用途营造出来，而进而产生良好的空间效益与影响，带给空间使用者舒适良好的空间体验。

Eggum 旅游线路

Eggum Tourist Route

项目地点：挪威，埃格姆

景观设计：Snohetta

Eggum 旅游线是挪威十八条国家旅游线路之一，由国家公路管理局管理。这条线路让游客观赏到壮丽的野外与乡村景观，而且沿途还有不少旅游设施，例如服务大楼、远足径，以及公共艺术馆。本案位于线路其中，包括一个露天剧场内的服务大楼、远足小径、停车场和格宾墙构成的阶梯。

本案所处的地形决定了本案专为露营而设。本案选址在经过开掘的小山丘上，并设有停车场，可以在车中欣赏海景。石笼墙圈定了停车场的范围，并为空间设计创造一个统一效果。本案的建材大部分取自本地。石墙的石头也是本地开采，建筑物的木板墙也是用附近的海滩上漂流而来的原木建造的。重点是采用天然原材料，保持细节一致。

Eggum 是位于韦斯特沃格靠海的一边小社区。这个小渔村面朝大海，在陡峭的悬崖和海洋之间的一小块土地上。 留在 Eggum 的渔民已经不多了，但仍有许多性格敦厚的人生活在那里。到了夏季，Eggum 是观看夜半太阳的圣地。

技术分析

本案位于一个群山环绕，草木丛生之地，其周围的自然度非常高。设计师仅仅以一个简单而没有太多思量的造型，将空间用简单的造型围塑出来。在自然度极高的环境下，整体感觉与周围的环境画面、色彩拥有相当融洽与和谐的视觉效果。

材料选用上，本案采用简易生态石笼的手法作为下沉广场设计主题，明显地凸显材料质感，而层迭石阶的手法为这个空间带来了时空上的错觉。灰色的岩石加上石笼围塑出来的石阶下沉空间就像是古老的历史遗址。中间的空地就像一处令人冥想的空间，阐述着天地的伟大，其广场延伸出来的方盒子形状的屋子运用了对比的色彩与材料，用一个相当现代的手法去诠释传统对比。方盒子房子的结构用的是极简主义的空间设计，在色彩上采用亮色系的带有木纹质感的木材颜色，是一个与环境无关联的空间，而其结构体的位置则是透过下沉广场从垂直立面设计的切割缝延伸而来，在空间中表现着自身特别的存在，为整体空间设计带来亲切的变化。在空间的比例上，结构体与广场呈现一种均衡的比例，让人觉得十分和谐。

远方的山脉就像与这个下沉空间有所呼应一样，产生一种空灵的联系。本案透过自然、宁静、空旷而表现出精神性，就像我们所谓的“禅”学，在空灵中表现虚空中的真实，为现实的世界的人类带来心灵的支柱。

达尔文中心二期景观

Darwin Centre Phase II

项目地点：英国，伦敦

项目面积：5000 平方米

景观设计：C.F. Møller Architects / Landscape

本案的背景建筑是达尔文中心二期，建筑内是收集了来自世界各地的 1700 万件独特昆虫标本的博物馆与实验室。一个椭圆形的下沉式花园与露台和建筑相连。本案可作为一个露天剧场，还具备了构成花园的框架，可以作为聚会和进行户外教学等活动的场所。

本案的周围设有一个小桦树林，形成“野生花园”的视觉过渡。其中的露台变成了超大型内部中庭的外部延伸。周围的地形跳跃和毗邻的花园空间与本案椭圆形的下沉设计则和达尔文中心的建筑功能形成良好的视觉联系。

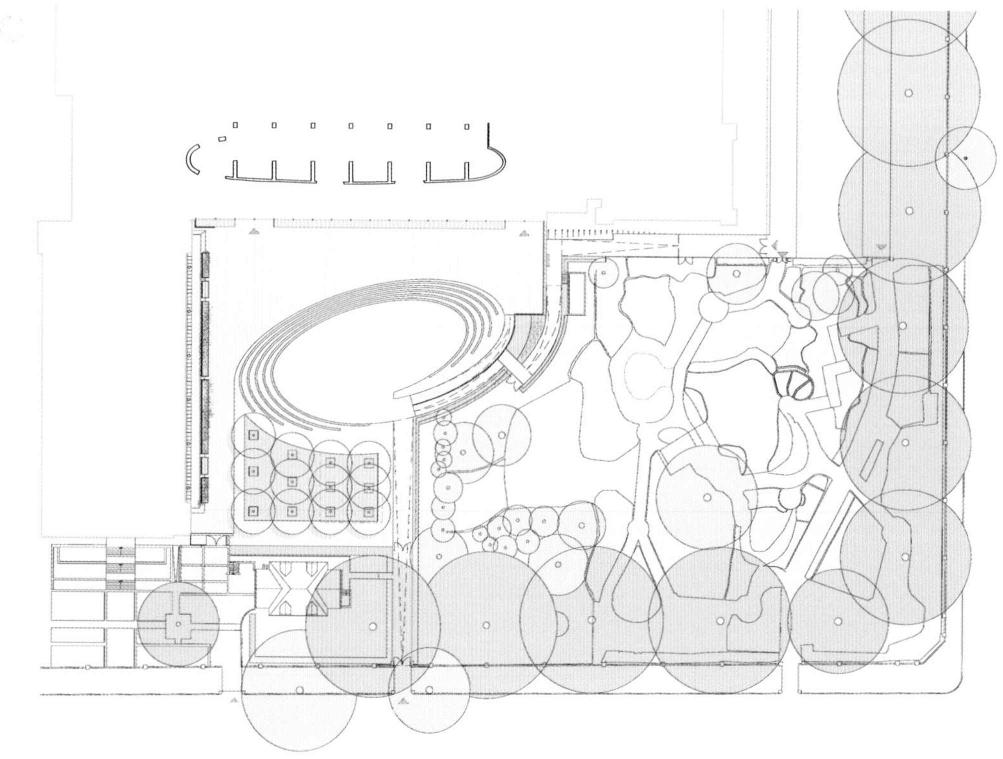

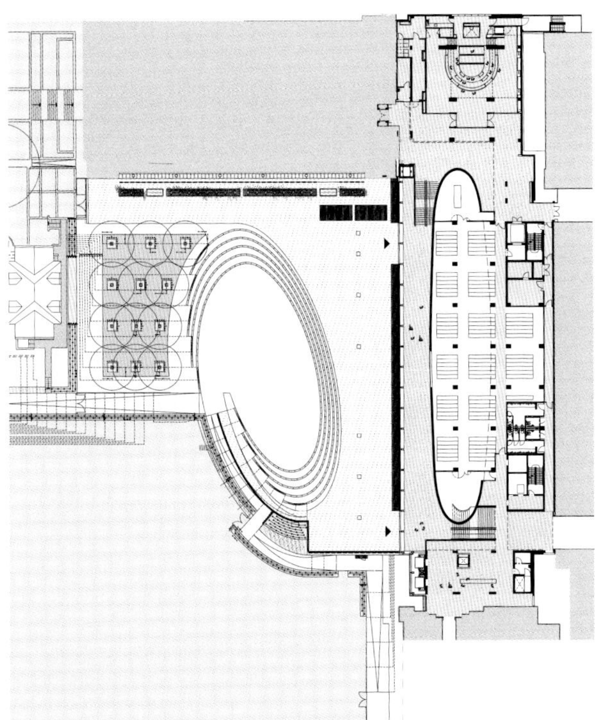

技术分析

本案以一个椭圆形的设计作为一个设计平面的主题，在线条上运用椭圆圆弧曲率的张力，将设计的线条结构做成了与周边树林的延伸，在这个空间的周边是一栋新旧结合的博物馆，它的功能是用于展示种类繁多的昆虫标本。建筑的风格对比强烈，是古典建筑与现在极简玻璃表面建筑的融合。

本案景观下沉空间运用的是完整的椭圆，用这种原始的完整构图来表示空间元素的原始性。在下沉广场的细节处理上，高差以较为平缓的处理来呈现结构上的变化，让人可以舒适地坐在一层层圆弧围塑出来的阶梯上。

采石场户外剧场

Water Square Benthemplein

项目地点：奥地利，圣玛格丽滕

设计公司： AllesWirdGut Architektur

总面积： 5580 平方米

摄影： Hertha Hurnaus

本案是由采石场遗址改造而成的户外剧场。在古罗马采石场看一场别开生面的表演对每一个游客来说都是绝对的独特体验。由于本案位置远离市区，来此的观众仿佛离开了尘世的喧嚣，在炎热的夏夜晴空下，欣赏戏剧和歌剧，即使是对古典歌剧不大感兴趣的普通游客也会陶醉其中。

本案的主体剧院处于一大型的下沉式的空间中。剧院设有停车场，车道从采石场的高处和边缘延伸而下，通往剧院和停车位，道路把场景中的各个元素连为一体。斜坡上面修有车道，从高处延伸到峡谷的谷底，穿行于岩壁间，中间还经过其他上行坡和桥梁。在转弯处设置了很多视野良好风景优美的休息区，吸引游客驻足。

设计师把岩壁作为剧场的背景和主要的景观元素，使它们成为剧场的一部分，这样的构思把这一地域的特征形象化，使参观者有独特的体验。参观者也可以通过岩石上的豁口“走进”岩石，进入下行通道，穿越十几米的高差，到达地下的建筑，而岩石的外面是悬崖峭壁。

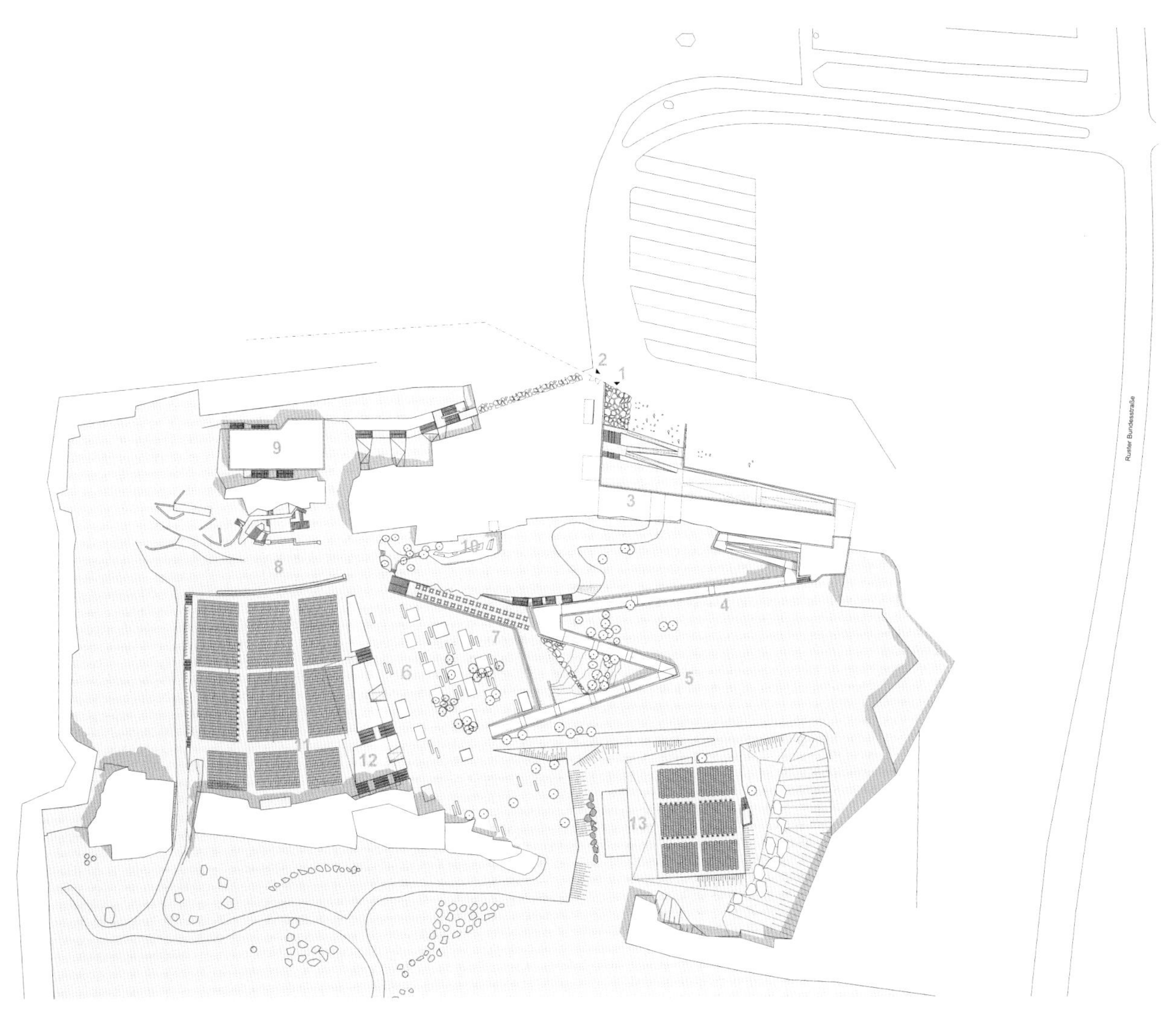

EXIT B

技术分析

本案的设计灵感来源是起源于古代采石场和采矿的工程与技术，设计师设计了一系列大型的楼梯和桥梁结构，它们从采石场的顶端一直向下蜿蜒到主要的剧场和舞台。道路两侧带着铁锈的金属栏杆做成了“之”字形，创造出了一种独特的高度。略微倾斜的支柱在崎岖的地带将道路支撑起来，铁锈的颜色与采石场中浅色的石块形成了鲜明的对比。

EXIT A
EXIT B
Opernlounge
Fidelio
Aida

OPERNLOUNGE
FOYERPARK
BACKSTAGE
Opernlounge
Aida

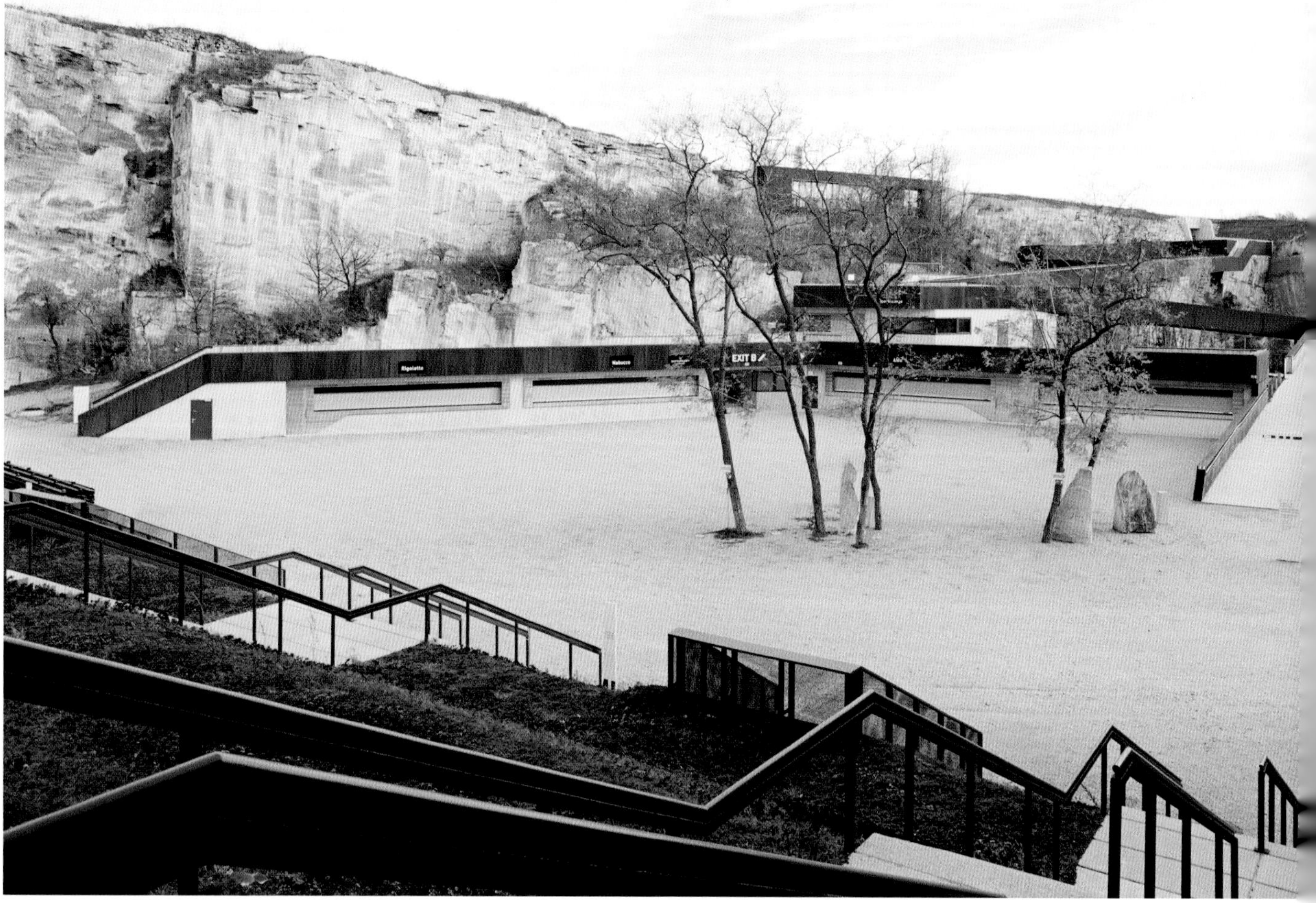
Rigoletto
Nabucco
EXIT B

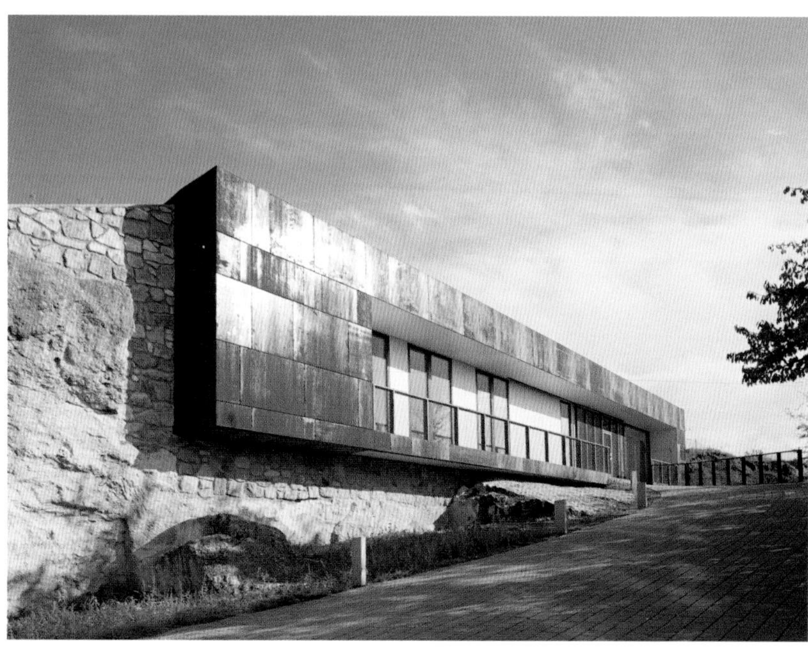

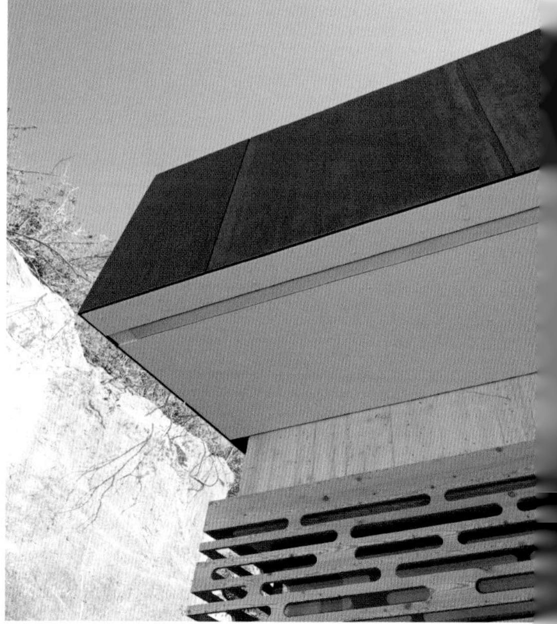

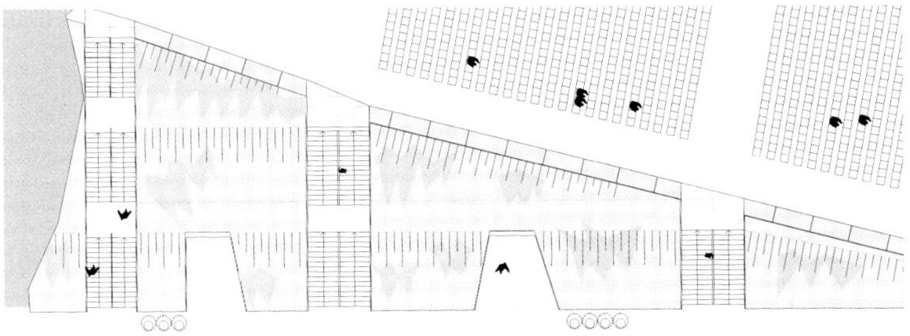

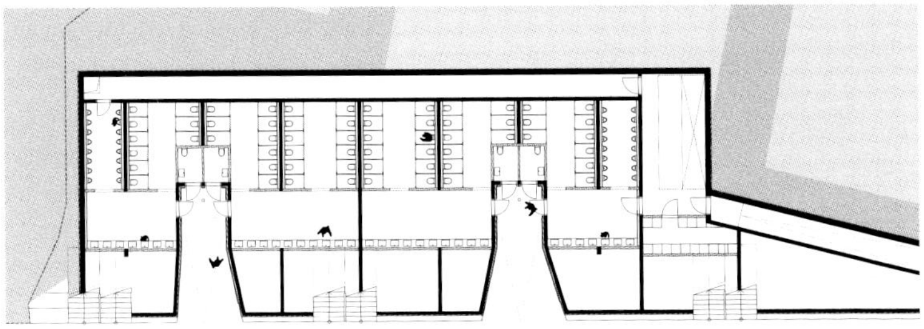

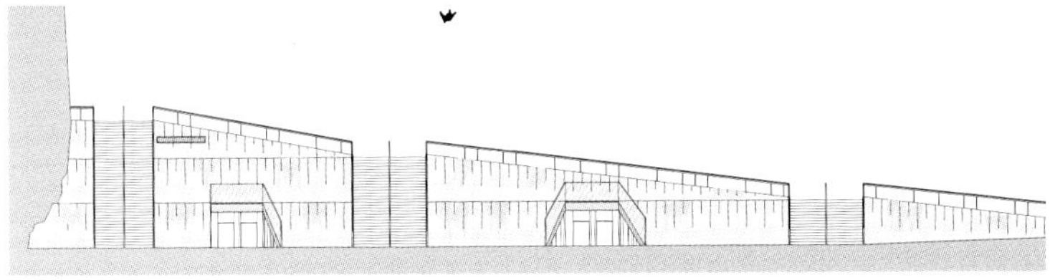

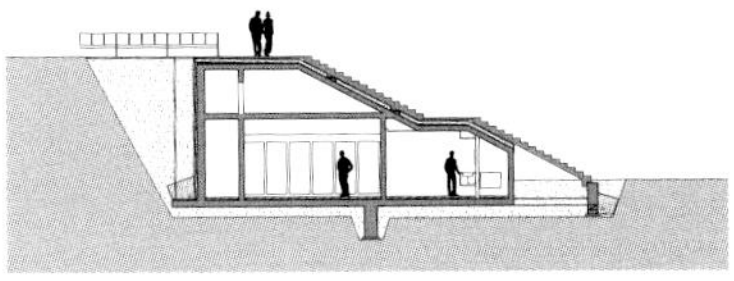

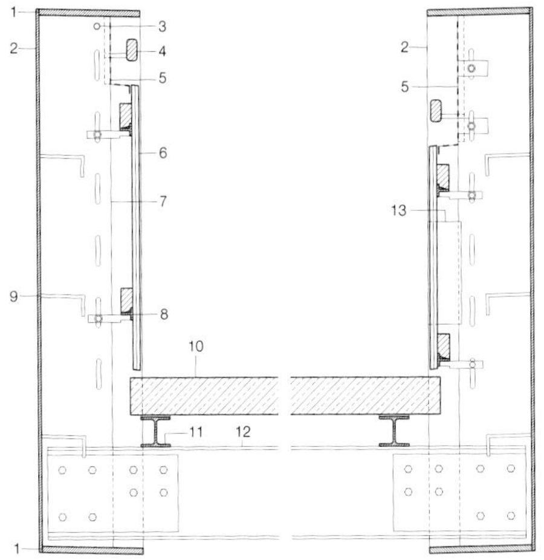
1
2
3
4
5
6
7
9
8
10
11
12
1
2
5
13

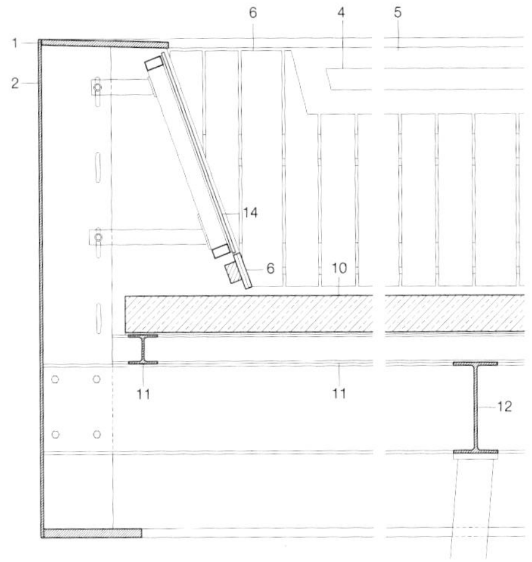
6
4
5
1
2
14
6
10
11
11
12

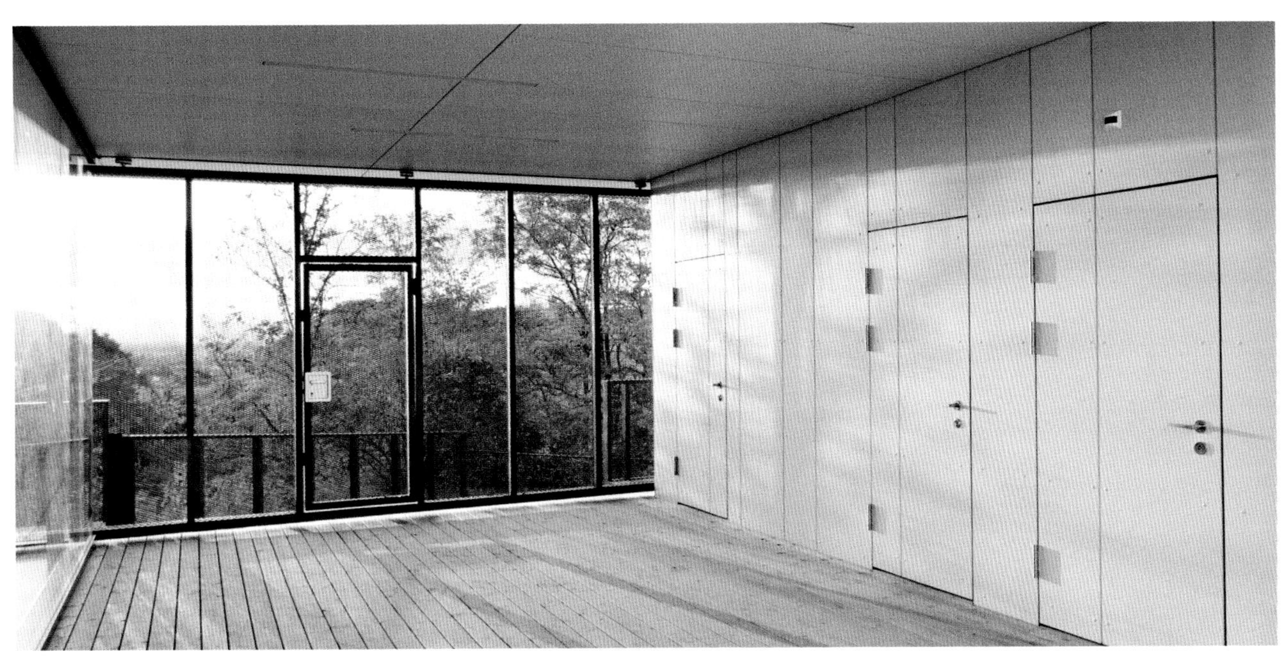

第 2 节　空间层次设计

在设计空间的时候我们经常谈论空间设计的手法，设计空间的过程中要思考的东西有很多，经常有很多人会提出问题说设计师与艺术家的区别是什么？设计跟画图有什么不一样？不都是画图吗，但其实艺术家是要追求精神境界，是将灵魂注入作品的人物，而设计师则可以说是一个好的整合协调者，善于将不同的领域，不同的人、事、物加以整合以解决眼前所面临的挑战与问题，所以换个角度来说，设计其实就是为了解决生活中所遇到的问题与挑战。

好的设计，最基本的是能够解决眼下问题，而这不仅仅只是空间上的计划。如在工业产品的设计领域中，有许多的设计都是为了给人类带来便利，如刮胡刀。我们经常在电视广告中可以看到刮胡刀的广告，其设计的意义就是让人类在刮胡子这件事情上能够完成得更方便、更有效率、更完美。在设计的产品上要考虑产品与使用者之间的关联，刮刀要如何贴合脸部的皮肤以便更彻底地刮下皮肤上的胡须而不伤皮肤，那就要去研究脸部结构，研究如何才能使各种使用者都可适用。又如简单的海报设计，目的在于将适当的信息顺利且有效率地传递给他人，要思考如何设计才能吸引目标人群的目光，吸引目光后如何让观看者够迅速获得重点信息且不感到枯燥乏味，其中的基础就是要解决文字信息的传达。

回到空间设计，设计师要做的事包含上一节我们谈的所有内容和本节所论述的相关理论，将所有事情加以整合之后，就要思考如何将其完整地做一个协调与组织，在所有的事情都妥善整合之后，就要开始思考空间美学的部分了。

空间美学不是一个艺术性的表现，而是一个理性与感性的结合。对这个部分，我们要从空间的意义与目标思考，找出空间有意义的元素或是故事加以转化，然后延伸其纹理。空间分为“虚”与“实”，一体两面，设计美学中我们经常思量这个虚实之间的关系，如果一个空间被围墙圈住，这会让我们觉得这个地方是一个绝对的领域与屏障，但今天如果我们拿掉了部分围墙，让这个空间露出一小部分，露出一个缺口，这个空间的围塑性还是很明显。但是，我们能够明显地感受到空间没有之前那么实体了，开始产生虚空空间的感觉，空间感很强烈，这个就是我们在空间虚实中的设计方法论了。现今文明中所谈论的空间美学，大多来自文字描述，人类利用历史的积累，用文学包装设计，让空间产生表情，光影产生喜乐与悲伤。设计之所以能产生语言，全都归于历史文学的积累。因此，在设计的过程中，经常会谈到语言的延伸，或空间表情的彰显等，这种如诗如画的言语都是用来包装空间元素的，设计师们就是在感性的语言下运用理性的思考与整合去完成各式各样的设计。

地下空间内部的客流流线需简洁、高效、清晰，将客流有序地组织到每家商户，通常还需结合客流流线，设计下沉庭院的采光，光线有助于减少长时间在地下空间步行的压抑感。地下空间因其空间形式的特殊性，往往需要通过设计来改善其空间质量。一方面，良好的设备运行系统可以保证地下空间拥有与地面建筑一样的舒适度；另一方面，通过下沉广场庭院、采光通风天井等措施可以消除地下空间与室外空间的天然的界限感，使得地面与地下空间相互融合，减少地下空间的压抑感。值得注意的是，建筑的层高对空间的舒适与商业的利用影响很大，考虑到地下室挖深对建设成本的重大影响，建设成本与后期使用的舒适度两者间需做慎重的权衡。

为了消除人们在地下空间中的封闭感，下沉广场的设计创造了更多的视觉空间,使人们能够从室外空间进入到地下空间的同时，充分利用下沉广场的强烈引导性将人流引入地下空间，并且有效地将室外景观引入室内，通过水景、树木和花草聚集人流，促使人际交往，丰富空间和环境。另外，下沉广场的设计也可以改善空间的环境和舒适度。

在设计中，设计师们一直去思考如何适当地表达，在空间大大小小的细节中注意设计的延伸与连贯性，思考人们的食、衣、住、行、育、乐应该怎么样才能更完善，也去思考光、影、水、空气的质量能否达到更高的水平。现今面临着全球暖化的问题，循环经济的发展，设计师们也开始思考循环设计的内涵，开始思考有机设计的概念，谈论当景观随着年月，慢慢地腐化，回到大地，让人们再利用的概念。而这种种考量跟过程，其实都是在谈论设计的层次，同样地，设计师们各式各样的设计与考量，全部整合在一起的时候也许是一个完整的个体，但其实当中有着许多一般人看不出来的细节努力，这就是层次。

丹麦国家海事博物馆

Danish National Martime Museum

项目地点：丹麦，赫尔辛格

设计公司：Big-BjarkeIngels Group

本案是一个位于丹麦的海事博物馆，位于丹麦重要遗迹卡隆堡宫旁，是一个文化中心博物馆。在 BIG 建筑事务所的团队的规划下，对原本的码头空间进行了改建，利用空桥的搭建，围塑出一个博物馆的空间。

设计师利用简单的线条以及平缓的坡道桥增加了空间视觉的张力及焦点，旧码头立面空间保留下来，让码头过去的精神意象以新的方式呈现，再搭配一些人工的结构去组构空间，在景观大体规划上，采用以雕塑及简单线性切割的方式完成设计。

技术分析

本案从外观来看不难理解，是一个跟船有关的空间设计。整体地景采用一前尖后平的货船造型作为下沉空间框架造型。本案有趣的是采用了一个翻转的方式，将原本我们对空间的理解做了一个转换。在海上，船运载的是货品和人，而本案中，船变成了一个镶嵌在陆地上的下沉空间，在这个内部是一个下沉景观户外开放空间，而室内主要活动的空间则藏在周遭的岩壁中，整体来说就是将原来的海洋空间转放于陆地上。本案中“翻转”是相当核心的设计概念与手法。

在下沉广场的部分，设计师将港口的意象移入，当身在下沉空间时，下沉广场上的柱体就像是用来拴住船体的拴绳柱，而在立面的部分则以砖作为主要表现材料，就像港口边高大挡水的港提。

本案中两侧有几座起连通作用的高架桥，就像是当大船停泊在港口边用来连通的人行及货品走道。而楼梯的设计，则模仿船梯的造型去形塑这个下沉空间，成为空间的亮点。整体空间色彩采用白与灰，将轻松恣意的游艇、帆船色彩作为主要色系，营造步调缓慢、悠闲的空间氛围。

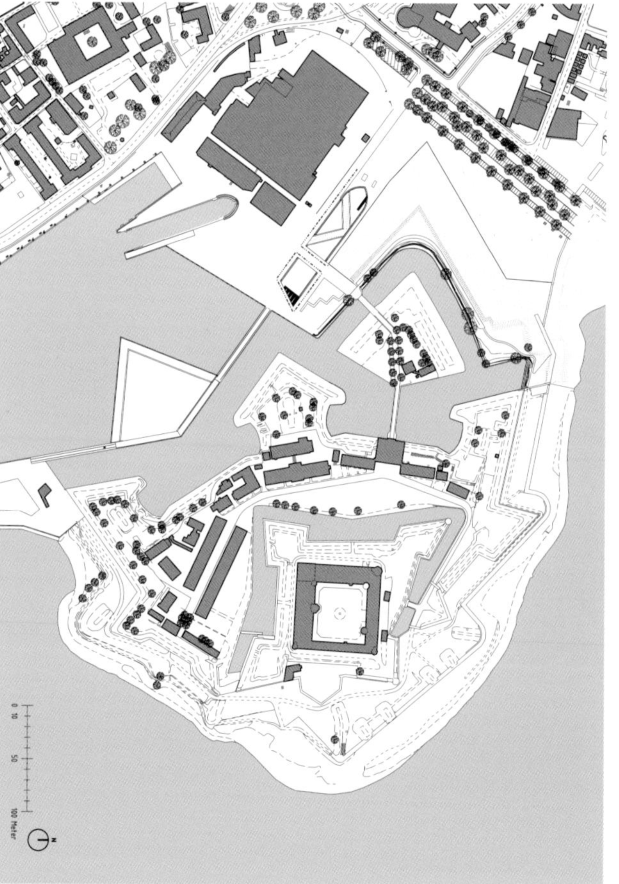
0
10
50
100 Meter
N

设计问答

（1）从航拍图来看这个平面间的关系，水道与基地空间似乎有着某种几何上的对应关系，这是原先就有的还是后来打造的？

本案设计师：博物馆庭院的前身是一个旧码头，我们保留了它的基本外形。

（2）在广场地面、栓船石柱以及两侧立面的砖墙显得古旧，是真有历史积累，还是只是仿古设计的手法呈现？

本案设计师：是保留下来的原有码头的混凝土基座。

（3）在这个设计中是不是用了许多翻转的手法，利用许多对比与对话的手法来创造其特殊的空间意象关系？像是由海上翻转到陆地、由船里翻转至船外之类的？

本案设计师：项目中更多地采用新与旧的对比手法。

（4）在下沉空间中许多的空桥设计，是不是想要呈现船只与陆地连接的联络桥意象？

本案设计师：下沉空间中的桥主要是为了连接左右两边的展厅而设。

（5）在楼梯的设计，是不是想要呈现船梯的设计意象？

本案设计师：是的，有这方面的意图。

（6）在色彩上的运用，为何以白色作为主要色彩，这跟海洋元素的关联是什么？跟一般游艇及帆船的白色有关联吗？

本案设计师：我们希望这个建筑能很好地衬托出基地原有的混凝土墙面以及展厅优美的展品，故而采用白色弱化了建筑的存在感。

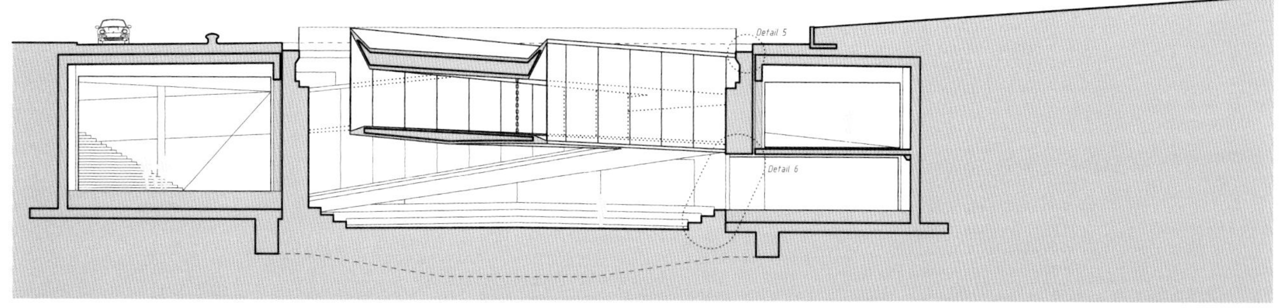
Detail 5
Detail 6

普罗夫迪夫现代景观

Contemporary Plovdiv

项目地点： 保加利亚，普罗夫迪夫

项目面积： 4000 平方米

景观设计： AL/Arch - AviLaiser Architecture

本案设计师的计划是通过在现时的广场中建设模仿古代集会广场几何形态的现代化的人行道以实现穿越古今的感觉。人行道能成为人们日常生活的舞台，人们每天经过，坐在木质的梯级上小憩或者享受绿荫下的凉爽。

本案是一个施工中的公共空间，能为人们提供传统活动和现代活动的场所。花园层是由考古开挖的现场改造形成的，是施工中的城市活动广场的中心。游人可以在一定程度上体验罗马帝国古城的发掘。在广场的上方是新建的天桥和人行道，这里可以体验古城的历史。人们也可以游览考古花园，参观考古挖掘的工作坊。

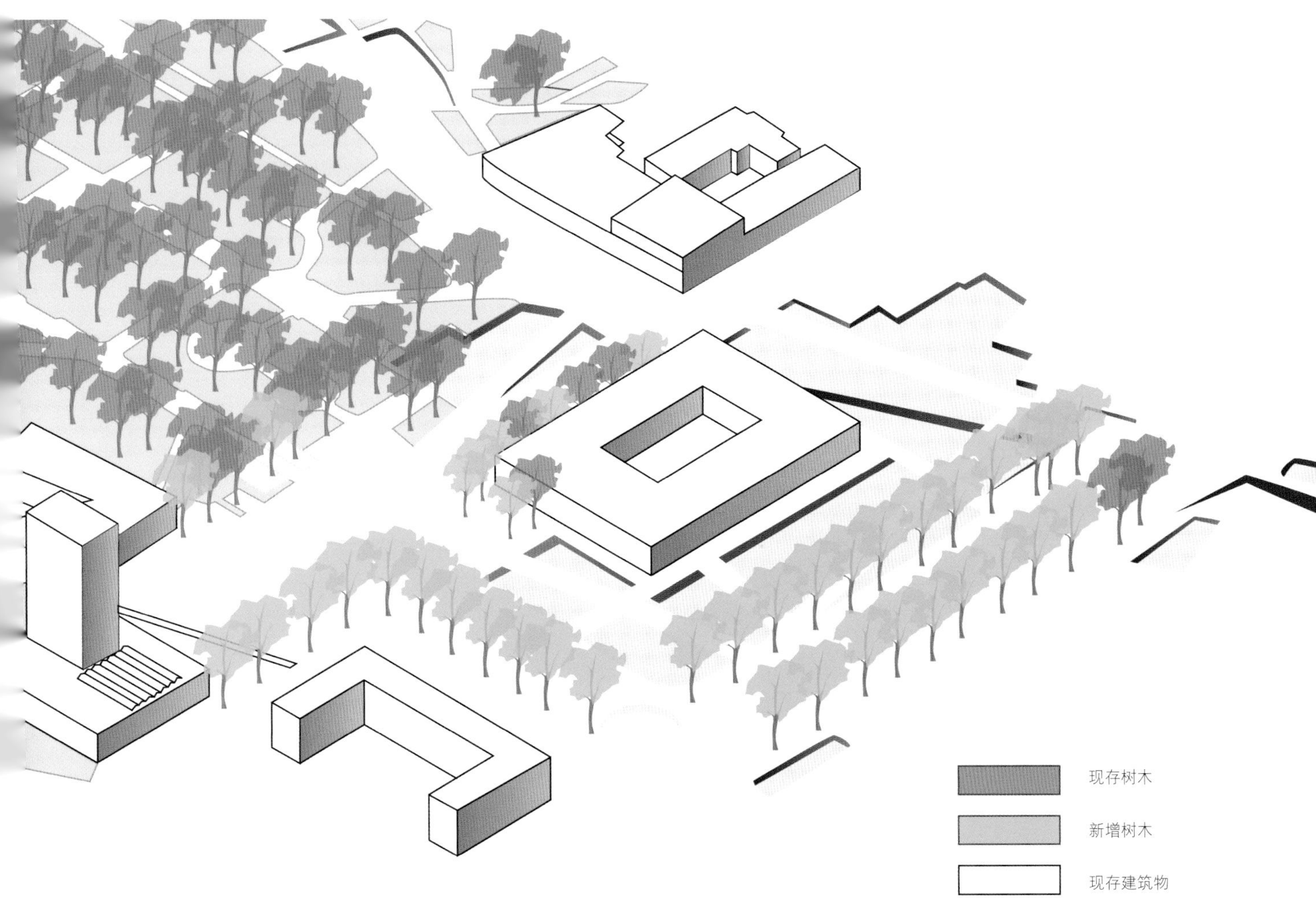

Post Office
Gladstone Rd.
Tsar Boris the 3rd Blvd.
Tsar Simeon's Garden
The Military Club
Ivan Vazov St.
The Trimontium Hotel

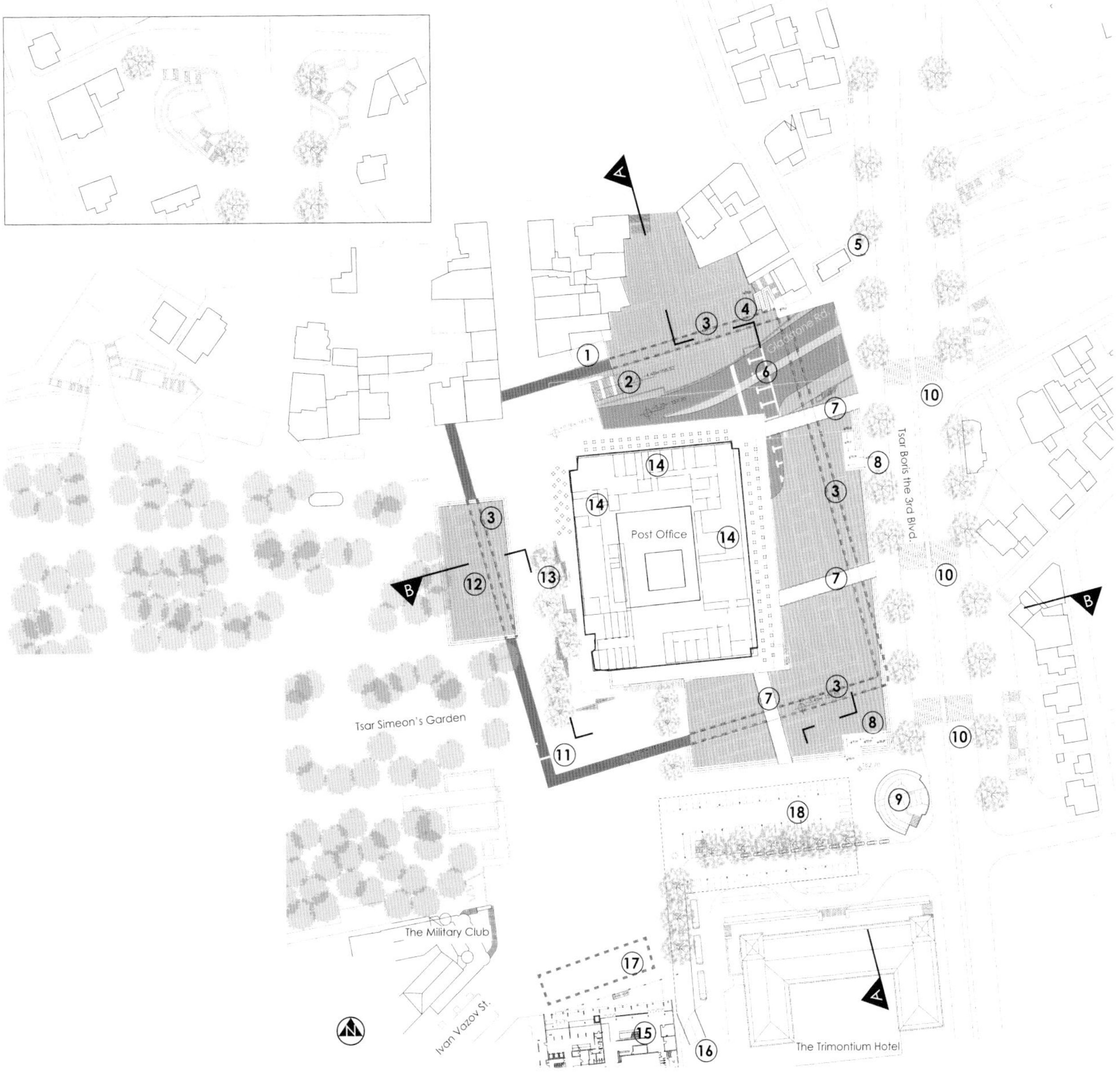

技术分析

本案中，下挖的广场与人行廊道成为焦点。在景观空间中，走道与绿地之间的关系用平面的方式表现，垂直的方向与空间产生变化。设计师采用了下沉的手法处理景观空间部分，为空间带来不一样的趣味与变化。

本案人行走道的部分能让游人产生从平面转移到了悬空的移动性空间变化，下沉空间中有起伏的连续坡度，空桥与下沉空间的比例放大了空间，将空间广阔延伸的张力表现出来。在地面层与地下层的连接上，运用了较宽尺寸的阶梯来增加地面与地下的人口流动性，在边界的处理上则运用穿透性强的玻璃达到视觉的穿越性与连接性。

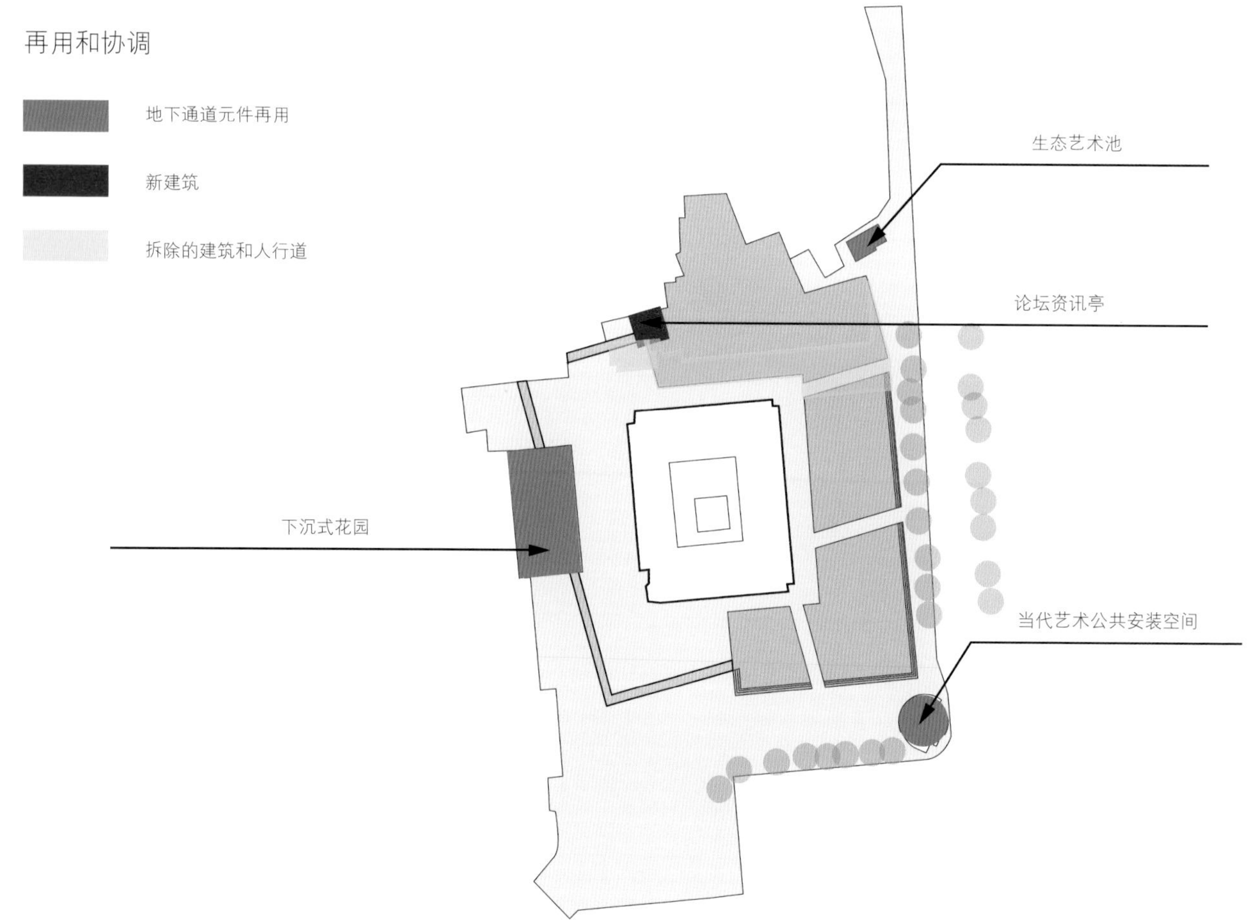

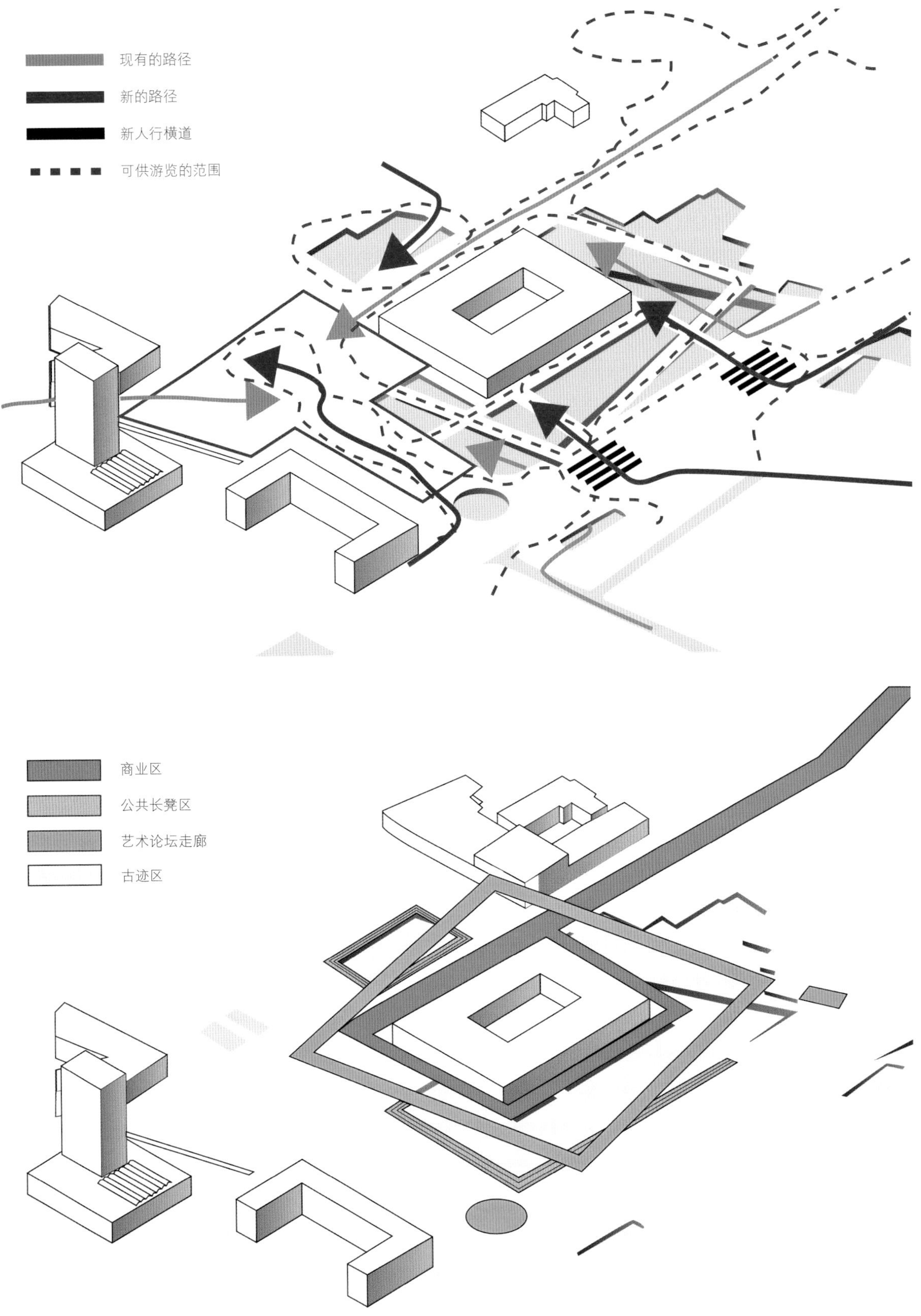
现有的路径
新的路径
新人行横道
可供游览的范围
商业区
公共长凳区
艺术论坛走廊
古迹区

MODE 61 公寓

Mode 61 Apartment

项目地点： 泰国，曼谷

设计公司： Shma Company Limited

总面积： 3200 平方米

设计师： Ponlawat Pootai

本案名为 MODE 61 公寓，其景观设计通过对不同平面的理解和严格的细部追求，构造了一个现代风格的居住环境。通过田园诗式的环境设计，环绕并营造一个宁静的空间。

尽管位于曼谷市中心，但本案主要的景观设计理念是在闹市内部的田园，营造一个宁静平和的家园。景观的空间由多层的平面构成，让人们在有限的空间中能进行各自不同的休闲活动，同时又能保留隐私，也为住区的阳台创造了动态的俯瞰视野。

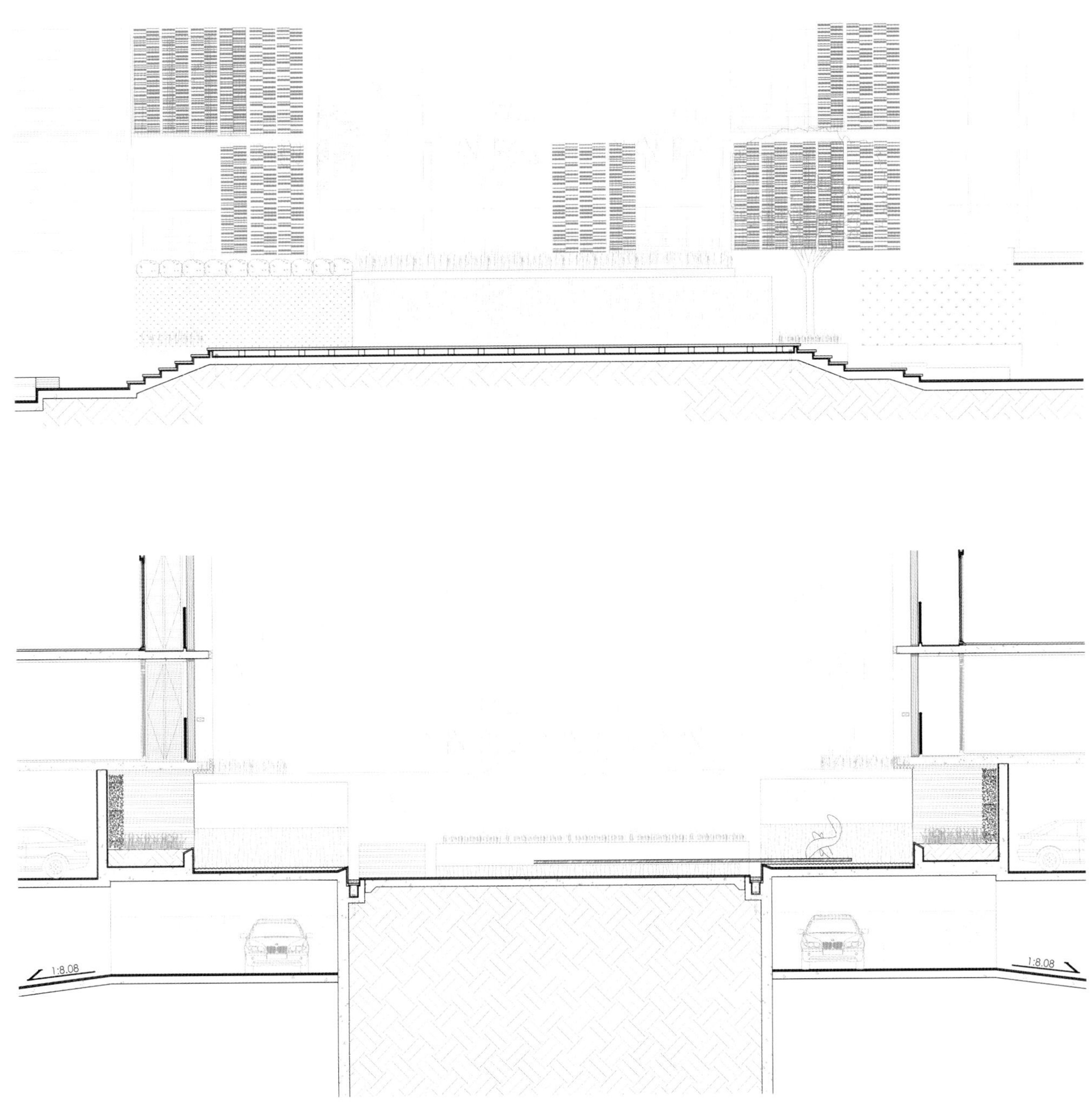

SCULPTURE TO SPECIALIST

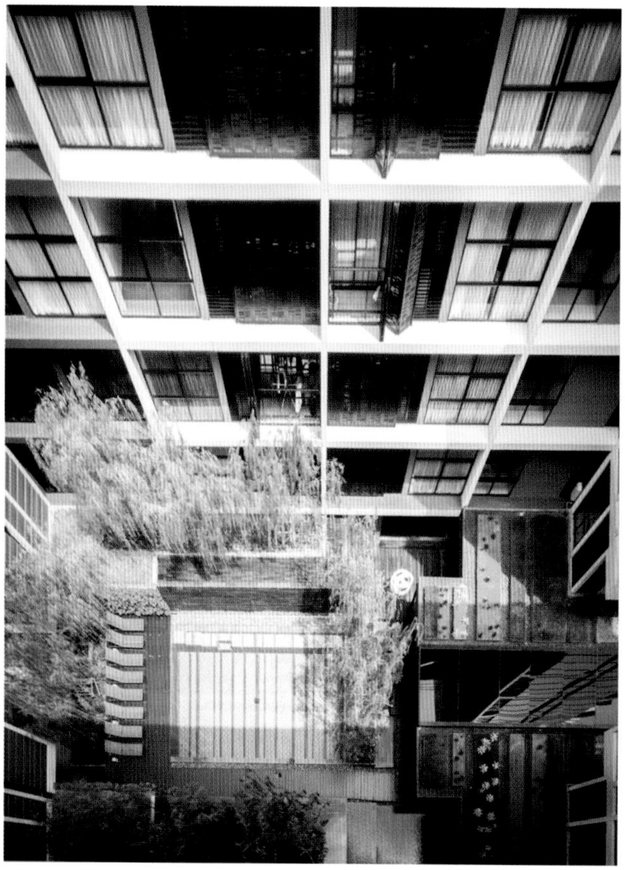

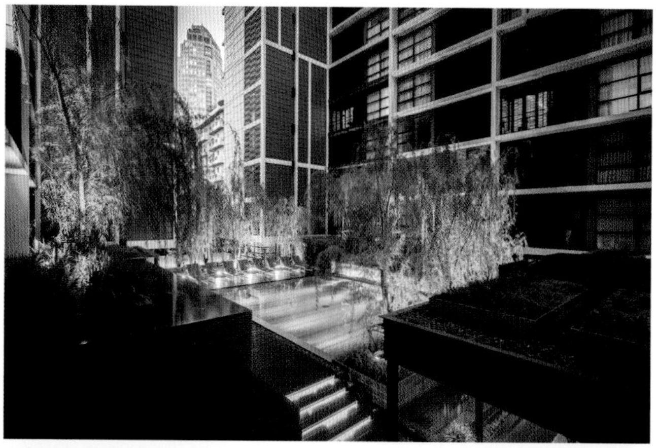

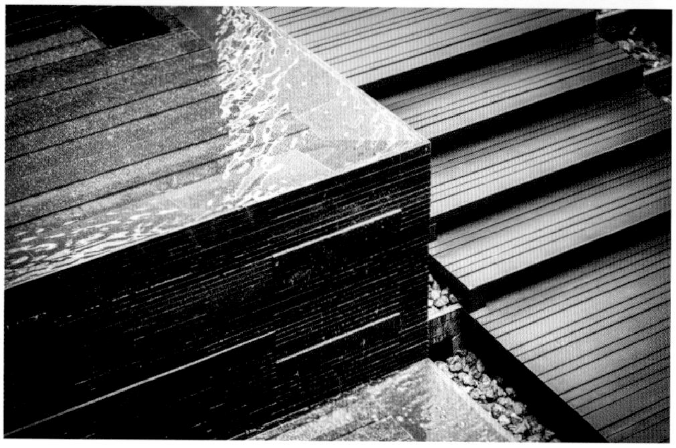

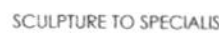

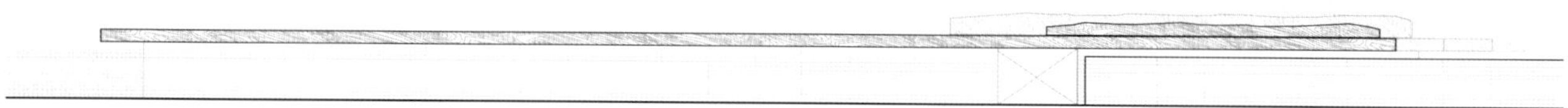

SCULPTURE TO SPECIALIST

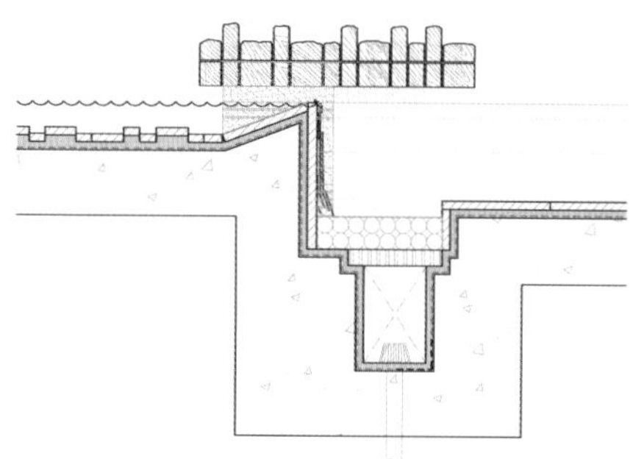

技术分析

下沉立体空间的设计给景观加入了众多的元素，包括水体设计、温室植物和各种园艺，既有游泳池又有跌水景观墙；有绿色屋顶，也有植物墙。景观中设置了柳树，柳树带着嫩叶的枝条低垂，成为了隐私空间和游泳池的天然间隔，这是本案的一大特色。

本案中的各个平面皆由上好的天然石材铺设，用复杂精细的木艺作品作为平面面上的点缀，同时，这些木艺也是人们休息的地方，给人以一种城市与乡村混搭的居住体验。

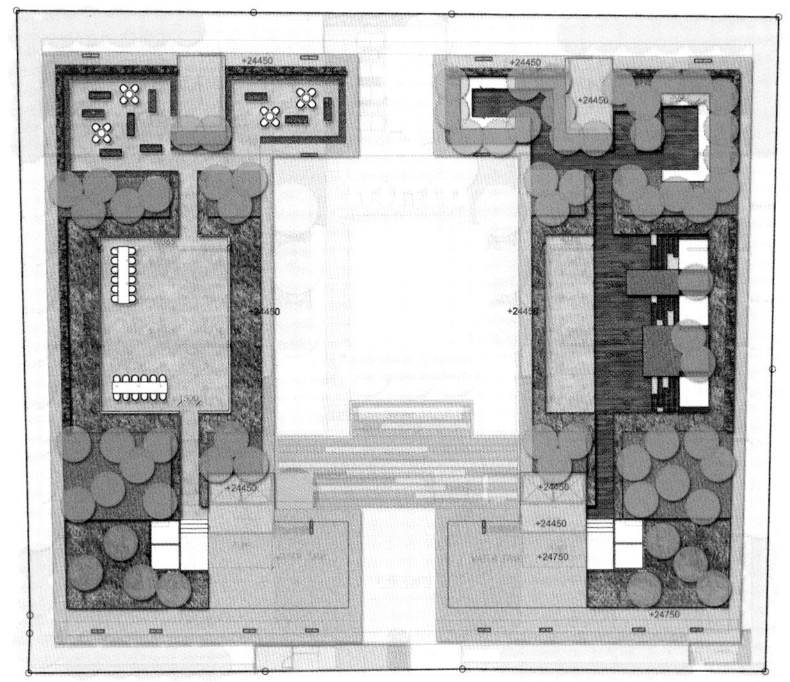
+24450
+24450
+24450
+24450
+24450
+24450
+24450
+24450
+24750
+24750
顶层

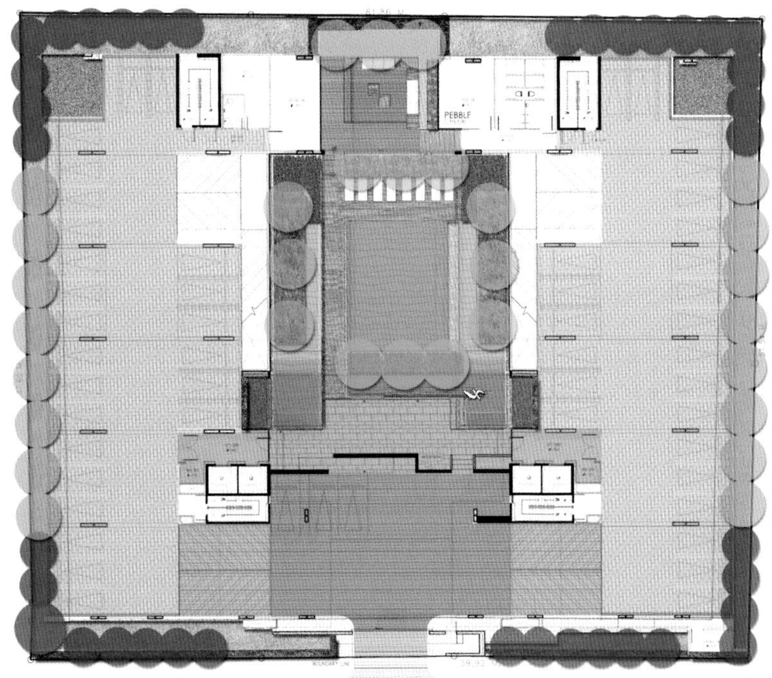
一层

第 3 节　商业价值提升

下沉空间不仅仅拥有美观的功能和物理性功能，其包含的商业无形价值也是相当多元，相当丰富。商业价值的发展源自人性，而价值则源自供给与需求，当然也是要应不同的市场而制定。如在乡村或郊外的地方，多是绿色的草原与茂密的森林，但却没有太高的商业价值。就现今全球文明的发展规律而言，城市的中心即是经济集中的核心，因此，在市中心拥有一小片绿意或是天空都是非常具有经济价值的奢侈的景观环境，这就是所谓物以稀为贵。

艺术是人类在满足基本生存需求后才有的追求，因此在商业的发展上通常与美感有着息息相关且密不可分的关系。在上一章中我们探讨下沉式景观广场各种物理性功能的内容，包括采光、降噪、方位识别、交通舒缓、防灾、排水、雨水搜集、通风，其实这些因素对商业上所产生的效益都是非常重要且具影响力的，所谓的商业价值是看不到、摸不到的，是透过人类们在无形的市场中所炒作出来的，也是需要透过长时间的积累而反映出来的结果，因此将当中每一个环节做好，其实都是能够为该设计、该空间提升其无形商业价值的行为。

城市广场早期作为精英阶层社会交往及统治阶级展示权威的场所，后来逐渐演变出兼作集市的多重功能。随着商业手工业的发展，广场的功能逐步由单一转向复合，其中商业功能占据越来越高的比重。一方面，现代下沉式广场通常与城市地下轨道交通相衔接，合理的商业功能开发可以充分利用轨道交通带来大量的客流，提高广场运营效率、挖掘广场的潜在经济价值；另一方面，下沉广场内的市民交往活动需要适量商业要素的服务与支持，以满足市民活动的多样化需求，体现广场的人文精神。此外，商业功能要素的合理配置可以提高市民活动的多样性，增添了下沉式景观广场作为公共活动空间的场所氛围。

下沉式景观广场的出现，在现代城市的发展中，扮演着重要的角色，现今先进国家的大都会地下化建设都相当的发达与便利，因此下沉式景观广场的用途即成了重要的中介转换空间，且扮演着地下空间的门面。地下空间的利用与活化为都市的经济带来提升，而下沉式景观的设计，则为地下空间带来更有效的整合，是经济发展中一种重点空间设计。

摩地大厦

Earth Scraper

项目地点：墨西哥，墨西哥城

设计公司：BNKR Arquitectura

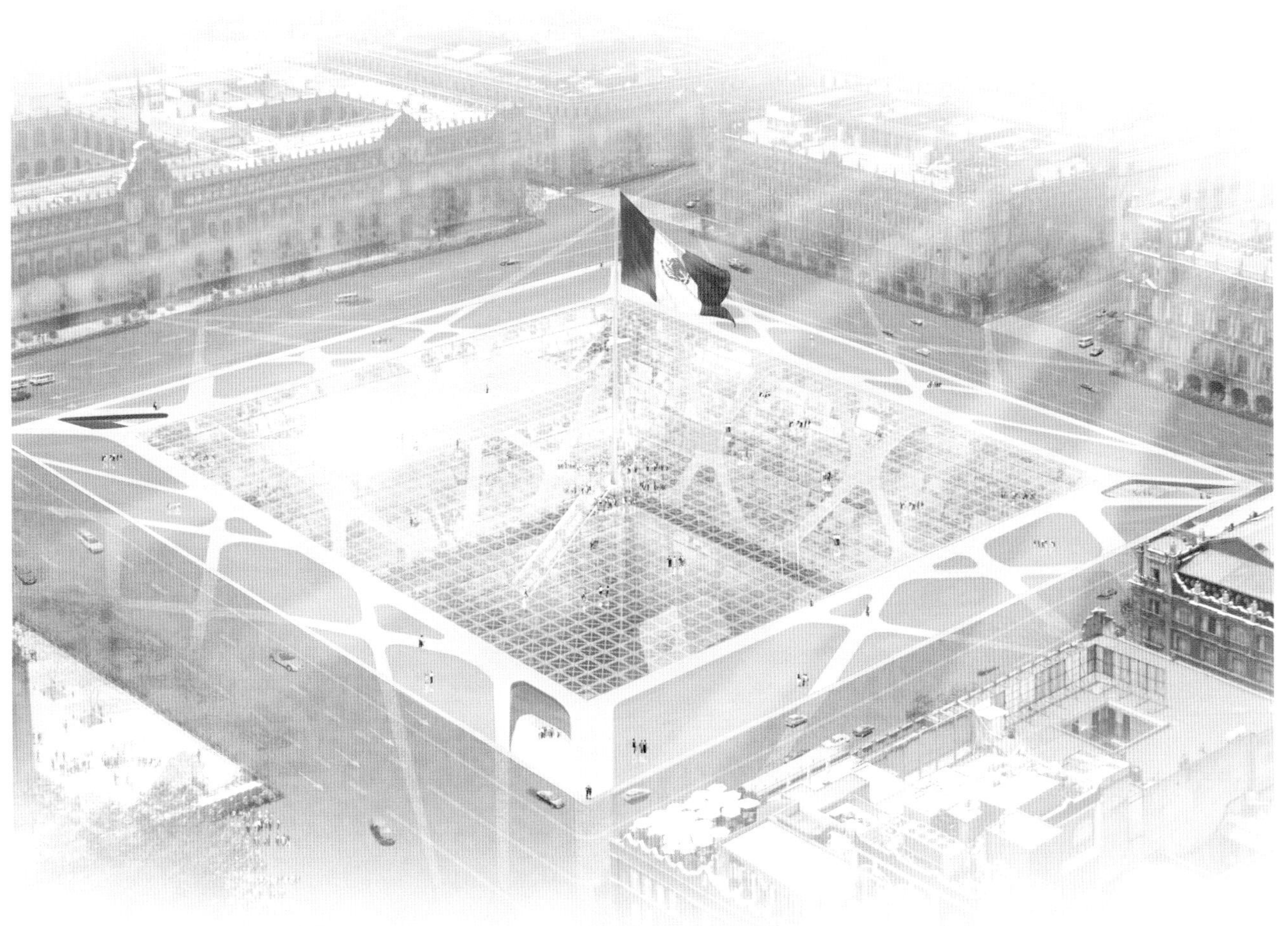

本案在设计上参考了墨西哥城的历史发展脉络，以历史的观点来做设计构想。墨西哥城有许多金字塔和其他遗迹，由于外敌入侵，这些古文明都被埋到了地表之下。几个世纪过去了，现代的墨西哥城逐渐在这地面上扎根长成。

墨西哥城历史悠久，许多建筑物与地块都相当具有历史价值，受到当地政府的重视。因此，地表上几乎已无可利用建设的空间与土地。本案设计打破了传统的思维，将空间转换到地表之下，打造地下的大型结构体与景观休憩空间，同时也保留地上的纪念性人民广场。本案从法国罗浮宫的倒立金字塔中得到了灵感，项目的设计上做一倒金字塔深入地表下的空间，借此得以一窥地表下的文明与遗迹。

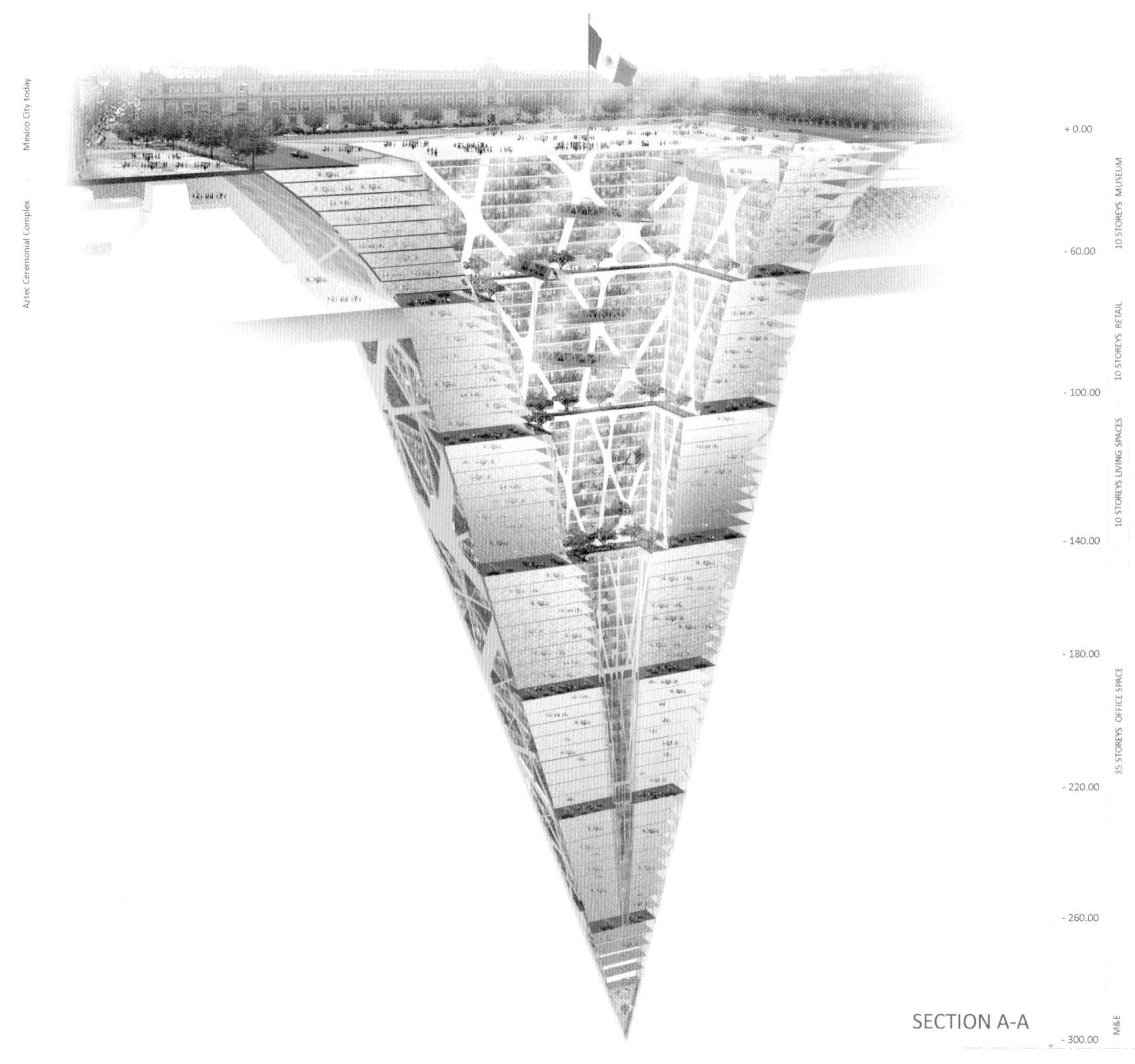

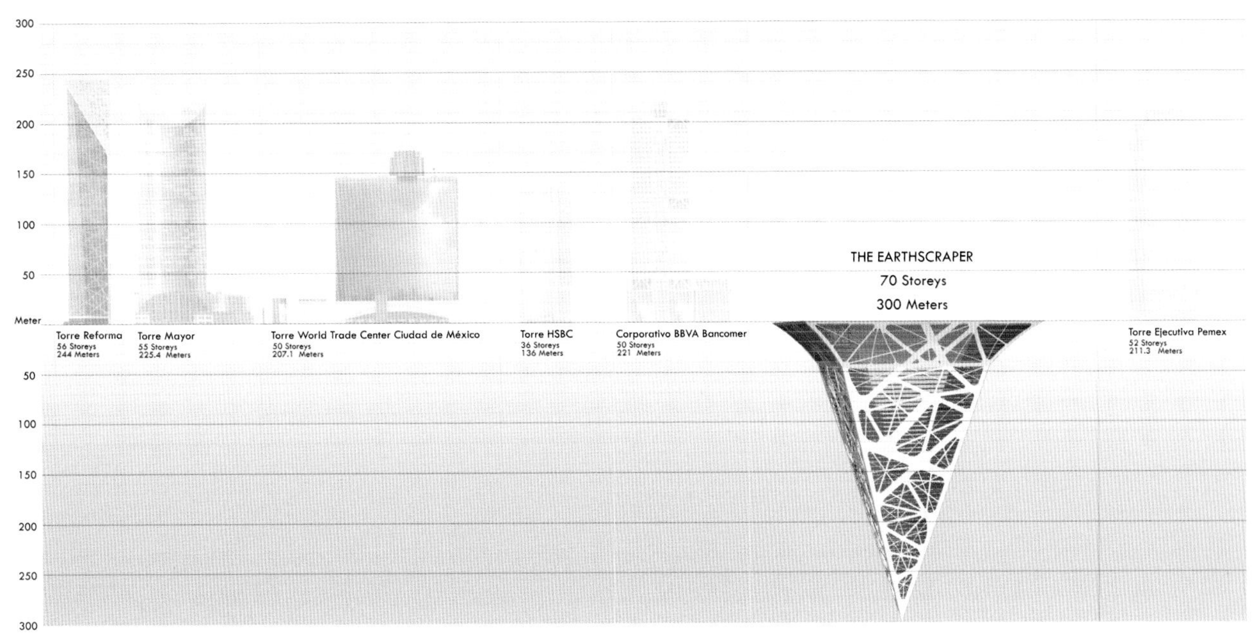

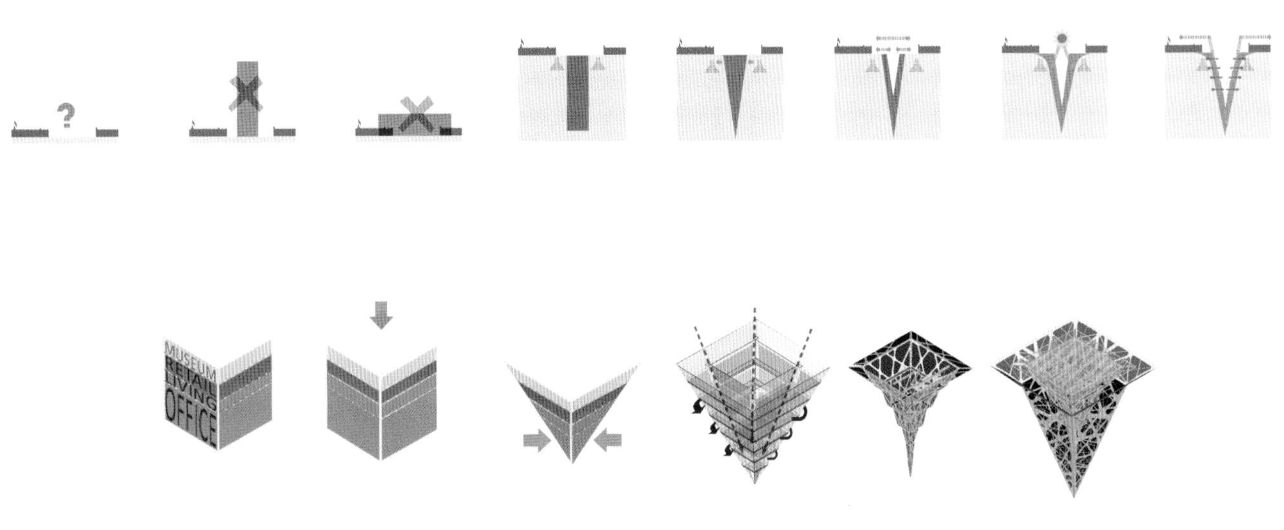

技术分析

本案是一个独特的景观与建筑相结合的一体化设计，有别于一般景观与建筑的相对关系。景观的空间是由建筑结构本身的水平与垂直面塑造出来的下沉空间。在其下沉空间的设计中运用庞大的占地，加上强化的透明铺面安排，让空间整体呈现一种强烈的现代感和静肃之势，好比古代神圣的金字塔祭坛。设计师运用了层层中央下沉空间的打造，创造了深入地表的意象，打造视觉上的景深与无限延伸的空间感。

本案的下沉空间考虑到了采光的效果，因此立面都采用斜面搭配透明材质，使光线能够充足地引入室内的空间，而室外景观广场则四个方位的围合设计。由此，在不同的时间，不同的角度，获得不同的采光效果。

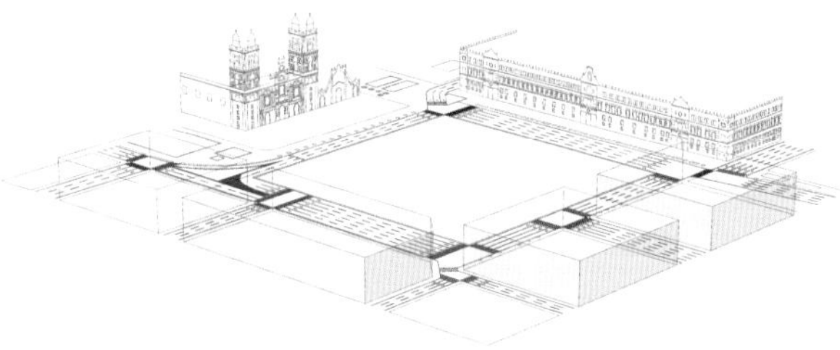

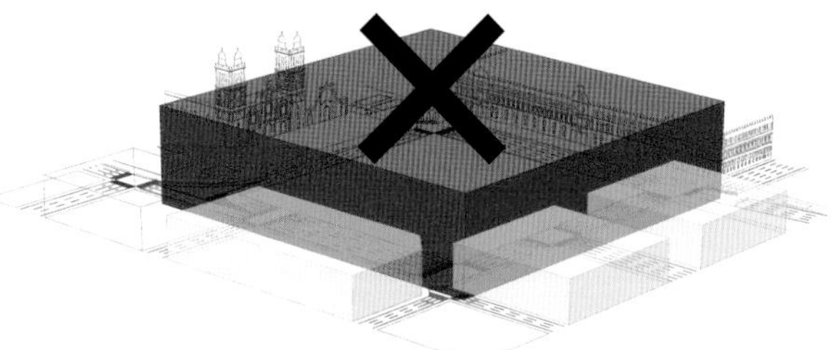

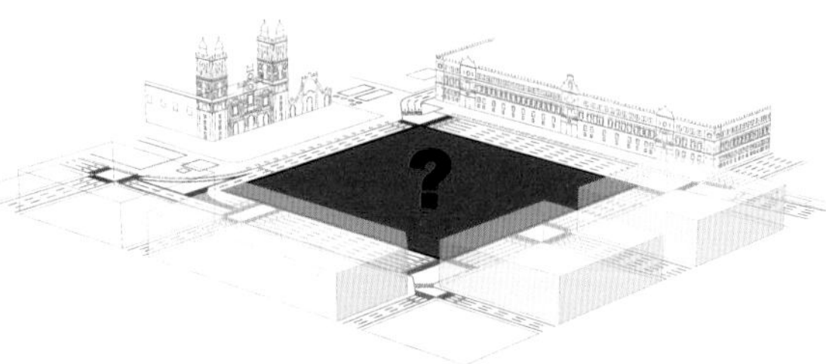

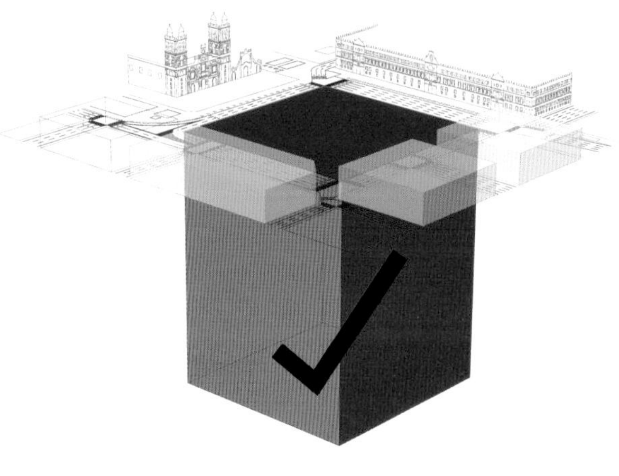

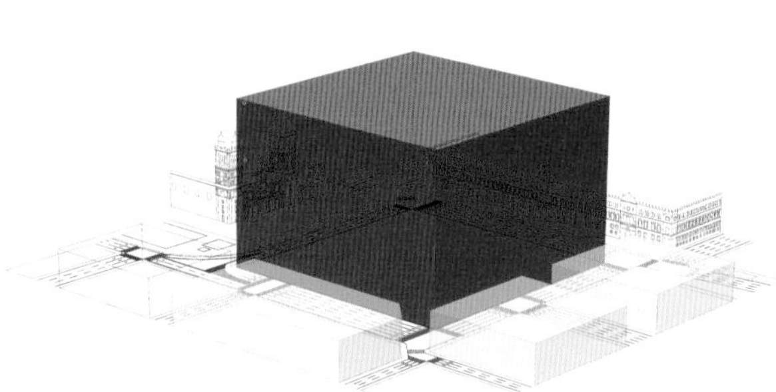

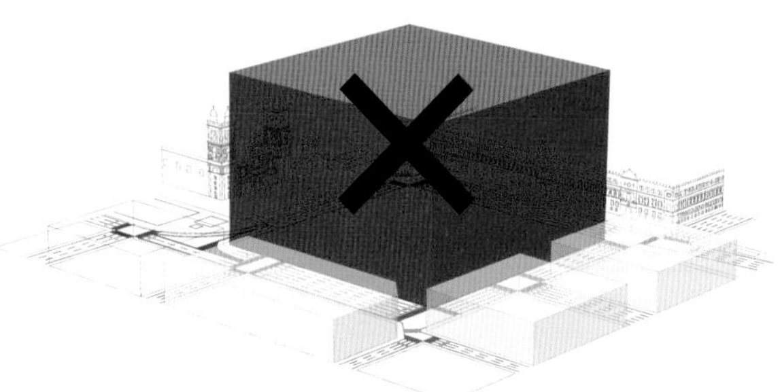

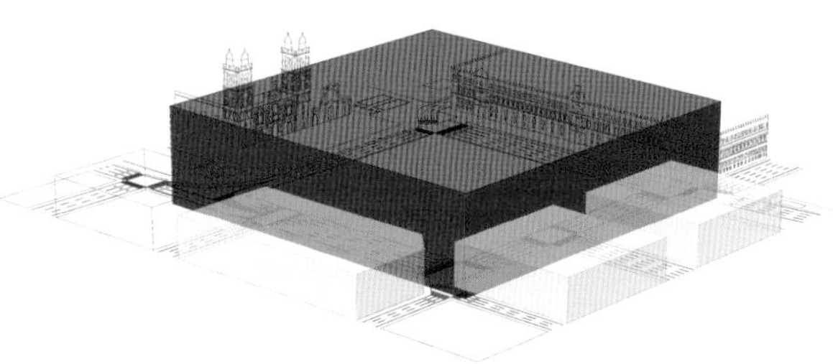

设计问答

（1）如果墨西哥城真的是一个在地面下拥有许多遗迹的城市，其项目在下挖的过程中是否会破坏到地下古城的遗迹？而如果碰到地下古城的遗迹，将会采取什么样的设计手法去解决这个问题？

本案设计师：我想没有什么能比挖掘过程中碰到遗迹更让人兴奋的事情了，可能整个建筑性质都会为之改变吧。如果将这个方案改造成一个地下遗迹博物馆也是一件非常有趣的事情。

（2）在这个倒金字塔中如果最上面覆盖的是大片玻璃的话，地下空间在阳光照射下，是否会产生温室效应等问题？

本案设计师：土壤有良好的隔热效果，但在这个方案中必须处理好建筑的通风系统。

（3）该项目在施工的过程中，是否会影响到周围大量古迹的结构安全，将采用何种施工方式？

目前的施工技术非常先进，完全可以保证周边建筑的安全。

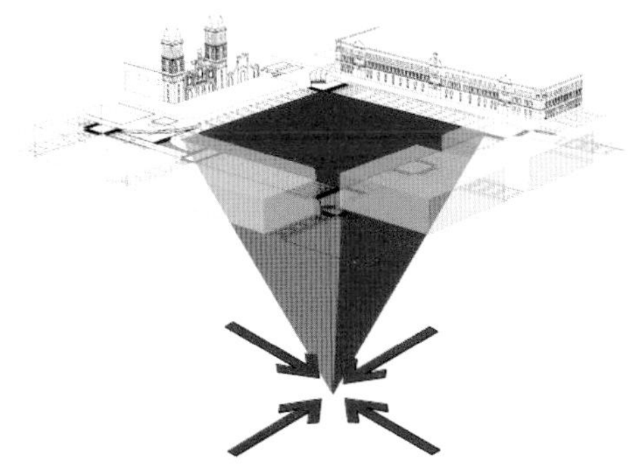

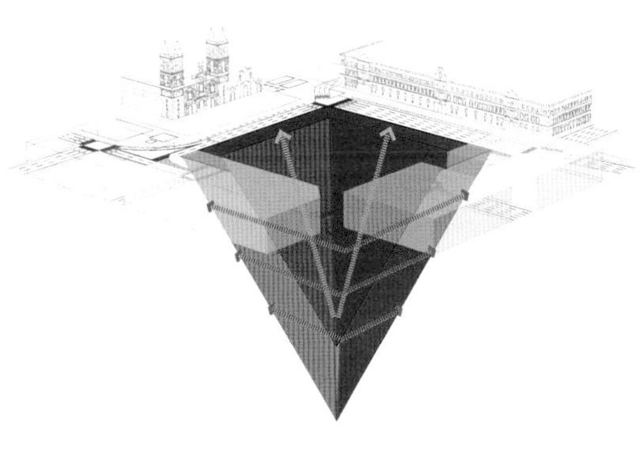

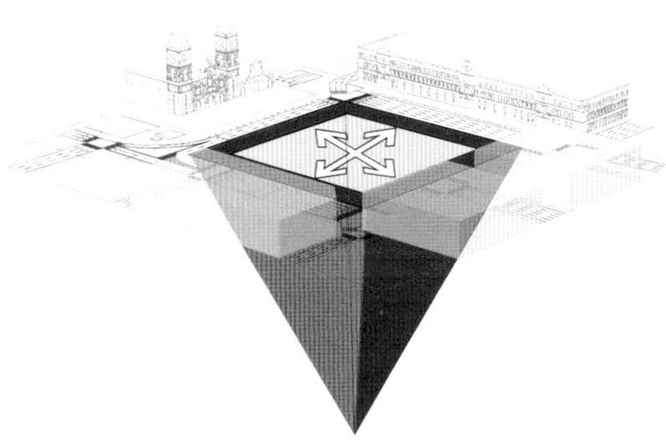

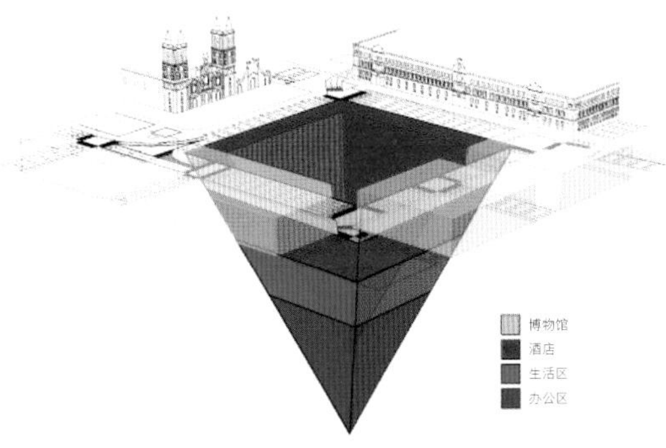

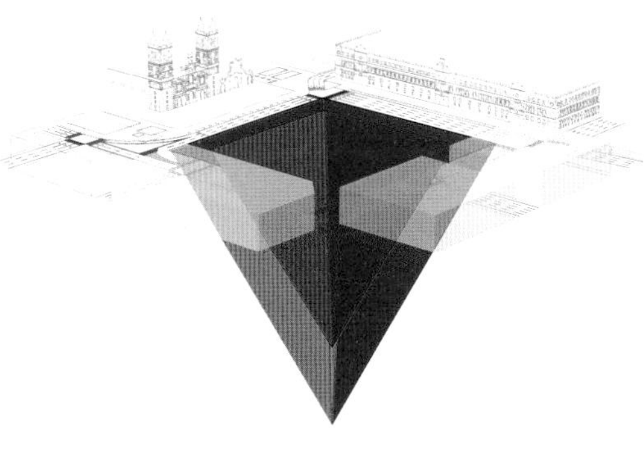

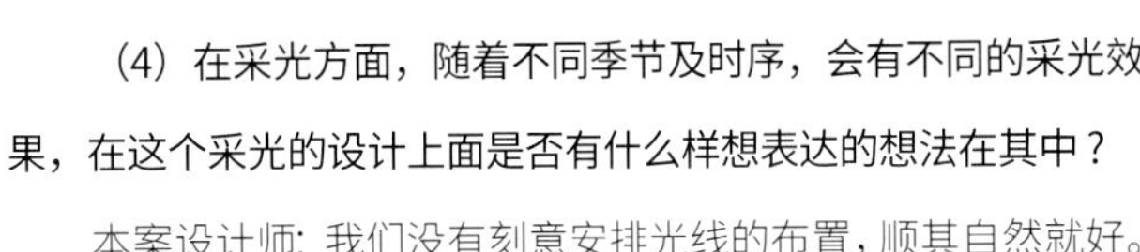

（4）在采光方面，随着不同季节及时序，会有不同的采光效果，在这个采光的设计上面是否有什么样想表达的想法在其中？

本案设计师：我们没有刻意安排光线的布置，顺其自然就好。

（5）在其地底的景观绿化上，将选用何种植栽，最大的树木会有多大？

本案设计师：植物种植会以地被 + 灌木为主，乔木的高度最好不超过 3 米。

（6）该基地下的岩盘可以支撑这个结构体吗，这是合理设计吗，还是只是夸张的效果图表现？

本案设计师：这是一个概念阶段的设计成果，落实过程会有工程师解决结构的问题。

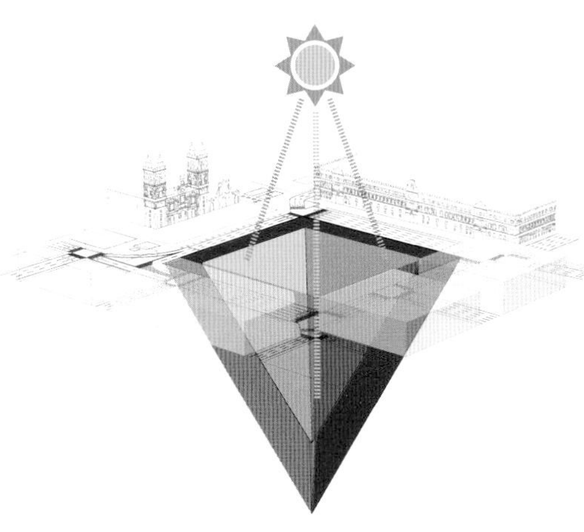

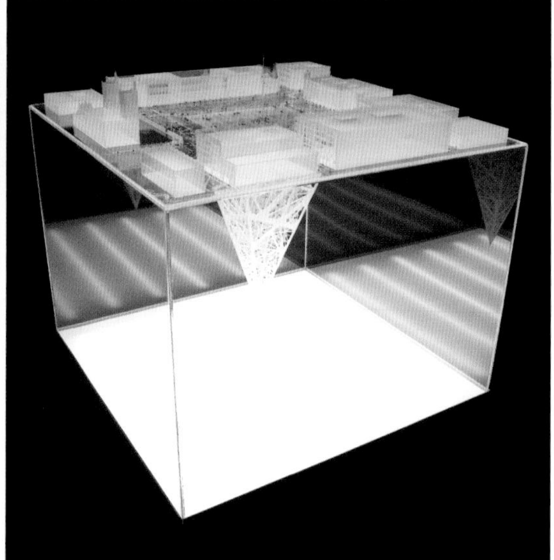

特鲁埃尔休闲中心

Teruel Zilla

项目地点：西班牙，特鲁埃尔

项目面积：3600 平方米

设计公司：Mi5 arquitectos + PKMN [pac-man] architectures

摄影师：Miguel de Guzmán，Javier de Paz

本案是一个位于西班牙特鲁埃尔的休闲中心，当地曾经是恐龙化石的发现地，因此本案的设计构想是以恐龙埋在土里的形态去进行形塑设计，将本案设计成一个半埋在地平线下的结构，目的在于提供一个室内活动空间，以及室外高低错落的广场空间。

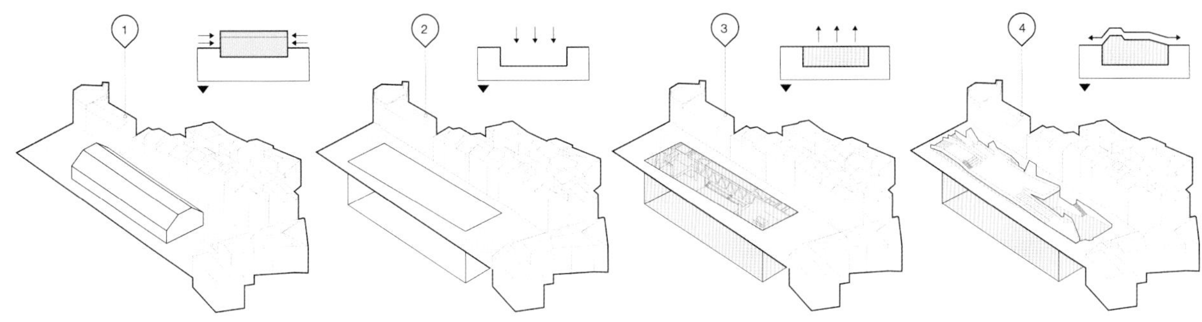

技术分析

从景观部分整个空间剖面上看，可以发现下沉广场的开口空间就是本空间的主要入口。从概念上来看这个部分应该是恐龙的后部，也象征着川流不息的生命繁衍。在整个下沉空间的营造上，入口区域透过一个扇形的缓坡来连接地面，用间接的手法来表示空间的引导以及特殊性。扇形缓坡的倾斜角度较小，因此斜面较长，扇形空间在视觉上则有空间放大与延伸的感受，因此其入口空间得以吸引更多的目光。

在下沉广场建筑立面的表现上，设计师运用了大面的透明玻璃，凸显室内鲜艳的红色，在其入口广场的空间也将室内色彩作为地面的主要色彩，形成里外呼应的的视觉延伸及链接感。空间的边界设计——围栏设计则是利用垂直的杆状排列以及灯光的视觉效果来形塑出恐龙背部脊椎的形态，加上错落的灯条排列，象征着恐龙皮肤的肌理，为空间内纹理及质感带来特色与焦点。

本案在设计手法上，以较科幻且用色大胆的手法为主打，运用大量的几何线条结构与鲜艳的色彩组构的形体，塑造空间的纹理及质感。在下沉广场入口的设计上，可以隐约看出空间所要呈现的主题，从空间的形塑设计、立面材质的选用、铺面色彩的选择、空间边界的选择到表面装置性的质感呈现，广场的空间呈现了丰富的样貌与内容。

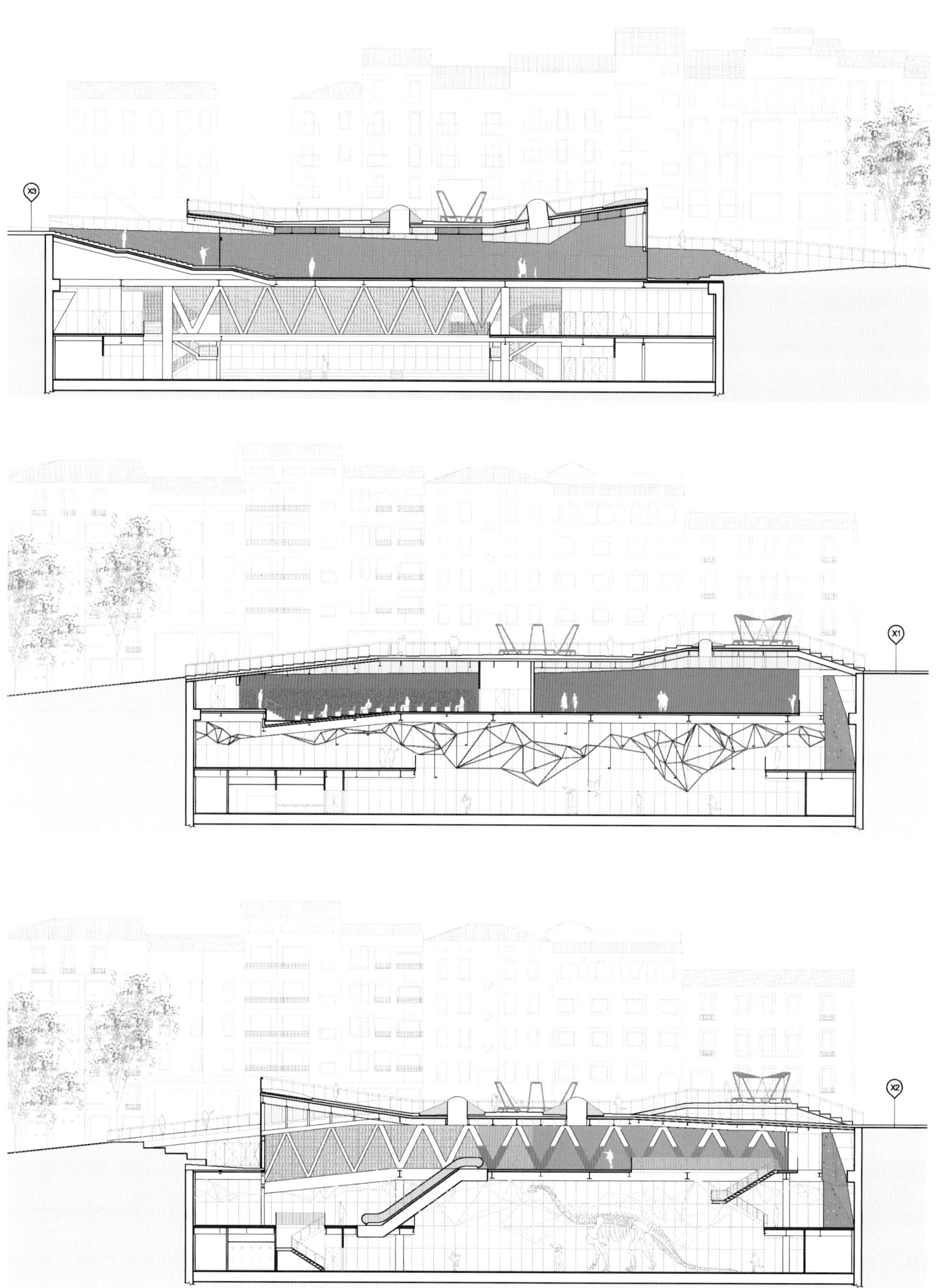

X3
X1
X2

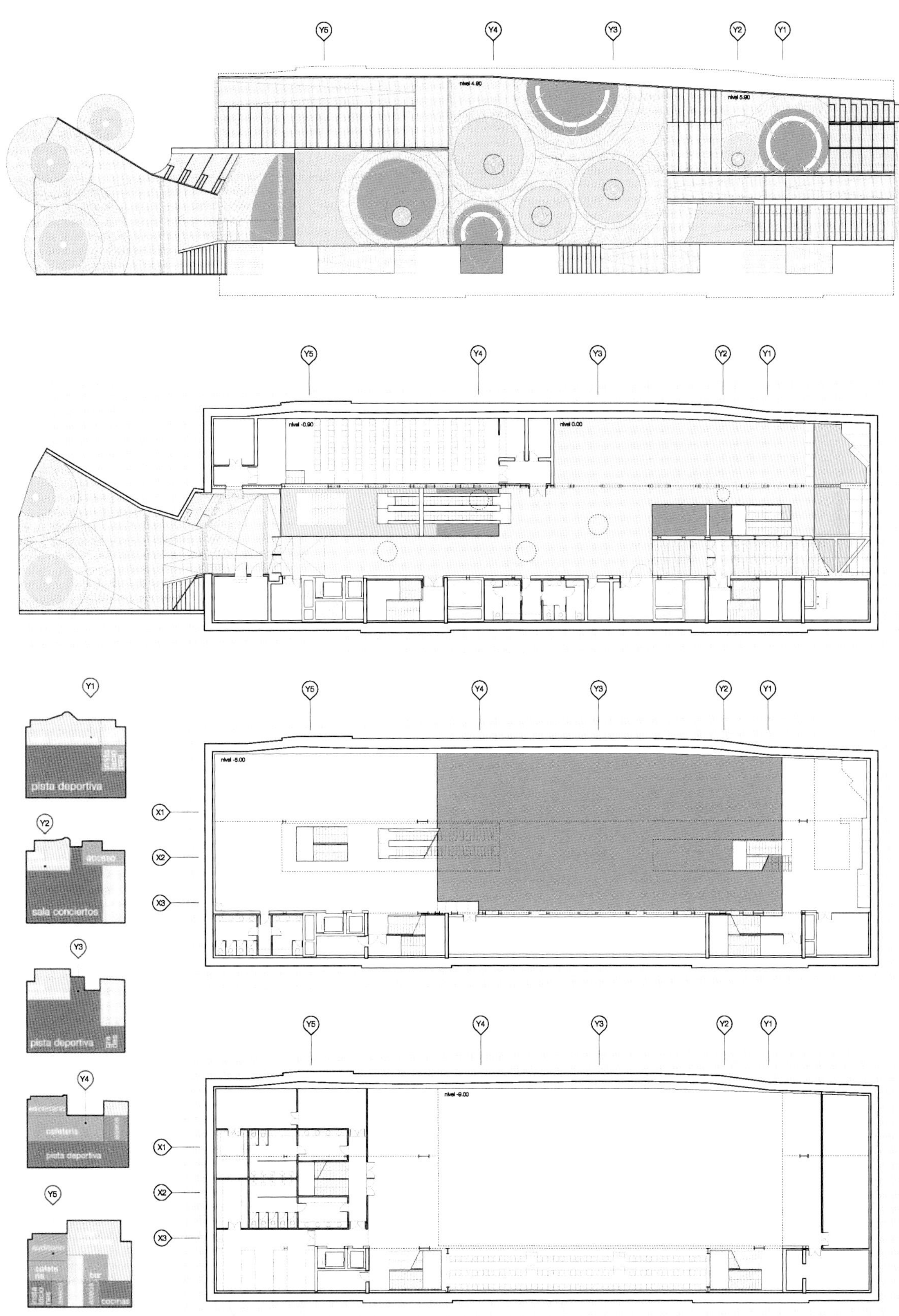

设计问答

（1）这个设计的形体架构概念是什么？

本案设计师：我们对建筑构造的意向是一只埋藏在地下的的哥斯拉，以一种荒诞而具有冲击力的形式表现，我们认为这一意向与建筑的功能——青年休闲活动中心非常吻合，能充分激发年轻人的活力与热情。

（2）使用半下埋的设计手法其理由是什么？与当地恐龙化石的挖掘有关连吗？

本案设计师：建筑的概念显然是采用半下埋的设计手法的理由之一，当然概念意向的由来与当地著名的恐龙博物馆以及公园有关。另一方面我们希望新建出能尽量避免建筑的外形影响周边现存的建筑结构组织，并且为周边的住户提供街区绿化空间，从而激发片区活力。

（3）入口位置的设置跟主设计概念有什么特别的关联吗？

本案设计师：建筑入口象征着破裂的地面，人们通过这道裂口进入地下空间。

（4）在入口处，坡面的扇形空间设计有什么目的吗？

本案设计师：入口广场的扇形空间设计的目的有二，一是模拟地面破裂的形状，二是为了引导人流进入活动中心。

（5）入口广场地面的色彩运用是呼应室内大红色的用色吗？为何在室外的红色看起来没有室内鲜艳，这在景观上有什么学问吗？

本案设计师：入口广场作为室内与室外空间的过渡，采用了较浅的红色。

（6）景观空间的灯光设计视觉上的表现相当特殊，这种排列上与主题的关联是什么？

本案设计师：灯光设计上希望能表现出地下探险队的探照灯的感受，有一种刺激且不稳定的感受在里面。

（7）景观空间边界的围栏视觉上的表现感觉也相当特殊，其设计的构想是什么，与主题的关联是什么？

本案设计师：围栏采用了铁丝网与其他金属的结合，模仿挖掘现场安全围栏的做法。

（8）景观空间与其结构内部的空间呼应关系是什么？

本案设计师：活动中心内部空间充满严肃、紧张、热烈的气氛，在景观上反而希望营造一种对立的氛围，即放松、愉悦的，并且带有一些趣味元素在里面。

第 4 节　场所文化营造

当设计美学发展到了一个程度，人们便会开始谈论精神层面的议题。精神层面的议题，一般来说存在于人们的思想之中，与文化、信仰、心理等有着千丝万缕的关联。我们思考空间中的精神层面可以从日式庭园的经典案例开始。在日式庭园中，一树、一花、一叶甚至是一个石头，都有可能隐含不同的寓意，代表着不同的精神表现。日本的空间设计中，非常重视禅的意境，这是日本人在人与人相处之中发展出来的学问，其中他们在意一种利用“静”来表达“动”的状态，所以产生了经典的枯山水设计，其设计利用碎石排列所产生纹理，产生如水在流动的意境，即是运用静的事物来表达动态美学。而中国景观则有着儒家思想中蕴含的哲理所衍生出来的精神展现，如在中国台湾省台中市东海大学的文学院与理学院，两个学院同在一条走道边上，而理学院大门位置有着明显的退缩，让学院前面比文学院多空出一片大草皮广场空间，其意为“文进理退”，意旨展现这是一所注重人文素养的大学，而理学院的的退缩则表示在学校的科学研究是含蓄与谦让的，不会以自大的态度来彰显科学的学理。

社会交往的本能以不同的形式存在于各个时代的人群之中，这种本能一定程度上是促进文明发展的基本动力，人们需要一个公共的空间来自我展示与交流，城市广场便是这种社会公共生活需求的产物。当代社会交往活动通常是有组织的，而下沉广场空间的开放特性符合其公共性要求。下沉广场空间的围合则是人们共同归属的象征，因而下沉广场总是作为组织各种宣传演出活动的舞台传播社会文化。

通过研究对下沉式广场的场所条件分析可知下沉广场活力的要素包括视线引导、空间标识性、日照光线、休息设施、遮阳避雨设施、照明设施等方面的人性化设计。

游客满意度并不随下沉广场的面积的增加而增加，与其有关的因素主要是广场气氛、设施和管理等。面积大的广场尤其应该提供更多的设施，包括座位、遮阳伞、公厕、电话亭、凉亭花架，以及直接对外营业的店铺等。下沉广场在隔绝噪声方面优于地面广场。在面积较小、功能单一的下沉广场设计中，

重要的是含有一些可使人停留的部位，包括提供适宜的座位区、树木和对外营业的店铺等。随着广场面积增大，人们对它的期望也较高，所以在广场设计研究者威廉 · 怀特（William H. Whyte）提出的在上述要素基础上，必须增加别的项目来提高广场的使用率，如定期的节目或展销表演、手工艺人的手艺展示等。通过周末定时安排演艺节目，使广场富有活力，并集多功能活动于一体。

在日常生活中我们也有着许多场域精神的营造案例，如红色代表喜气，因此在我们布置婚宴场合时，红色与亮色系通常是我们用来表达喜气的色彩。而当我们在建设营造一个医疗的空间时，一般而言都会用白色作为代表的色系。当我们在学校学习，谈论空间设计的过程中也会经常思考不同空间中有什么不同的元素可以来识别或代表其空间所代表的精神，如红色圆形的灯笼，就能让大多数人联想到中国风格。在人类文明发展的过程中，因世界各地的风土民情的不同，不同的形状、色彩、音乐都有可能展现不同的场域精神。所以当我们在设计下沉式景观广场时，要去理解当地的环境、文化与族群，然后分析空间的类型，才能去选择最适宜的下沉空间形式，以展现出空间最好的场域精神。

邦苏塞苏文化中心

Centro Cultural Bom Sucesso

项目地点： 葡萄牙，里斯本

设计师： Miguel Arruda

设计公司： Miguel Arruda Arquitectos Associados

本案为当地一文化中心，是依照自然地势开挖的地下空间，在其中也穿插了许多天井式的下沉空间，为这个地下空间提供室外空间的延伸与采光。本案的设计中还保留了此地原生的古老橄榄树，为这个空间带来了其场域精神的升华。

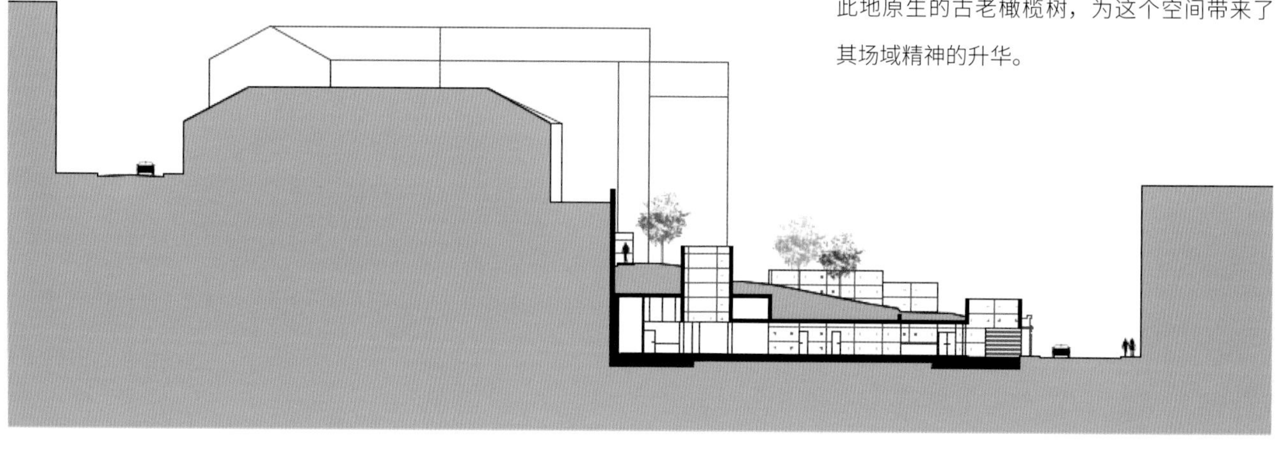

技术分析

本案天井下沉空间的开挖与建造，为原本自然无秩序的坡面带来几何线条和空间的规律。本案设计中，人群在地底分布与移动，成为景观空间唯一的场域空间外观的视觉表现，使建筑与景观的关系对调，颠覆了传统的思维，让景观空间不再是虚的地位，而是实的角色。

在天井下沉空间的处理上，设计师运用了简单的色调去呈现空间的宁静，为文化中心的空间带来了一处处可关照与冥想的空间与交流的节点。在景观植栽上的设计上，本案移植了原有的古老橄榄树至下沉天井广场空间，运用橄榄树枝生长的独特形态呈现具有雕塑感的艺术意象，就好比东方的松柏盆景。在下沉天井空间外的室外空间动线也随着天井的位置而变化，但其天井的设计上做了阻隔户外空间的视觉处理，让其下沉空间能够保有隐私及安全感。

本案的下沉空间的处理为其场域带来了视觉上的想象，以及社交活动上的变化。本案的空间设计的手法也有别于传统下沉空间所表现出来的视觉效果与关系，在文化上与美感上都是新的呈现。

设计问答

（1）这个项目造型的概念源自什么？

本案设计师：本案原本是一个被遗弃的修道院，上面长满了橄榄树，地底的避难隧道被保留下来。建筑最初的想法是利用地下的隧道空间，并保留地面的景观。

（2）天井设置的位置跟空间构想有什么关联吗？

本案设计师：我们规划设计时将室内划分成多个运转核心，每个核心都包围着一个中庭即天井。

（3）因为其空间埋在自然的地势中，天井成为视觉上的主景，这是你们设计所强调的吗？如果是，为何会想这样做？

本案设计师：天井在建筑中起到采光和通风的作用，并且作为地下建筑的视觉焦点。

（4）从视觉上来探讨，一般而言我们会将建筑看成是硬结构，景观看成是软结构。本案中建筑埋在自然地形里，景观的

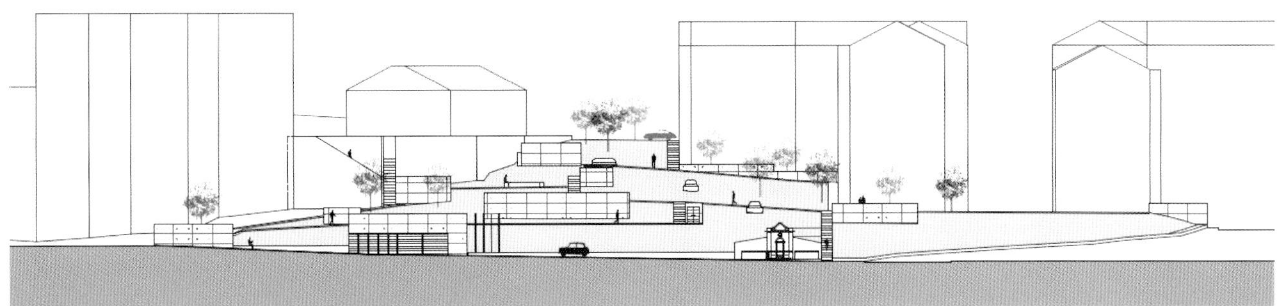

天井开口形成了地表上明显的结构，这是你们的目的吗？是刻意地颠覆传统，将景观与建筑的角色进行对调吗？

本案设计师：设计一开始就是以景观为主导，这个设计是顺应基地原有面貌而生的产物。

（5）在天井开口的部分，其形状的构想是什么？是否有意营造庄严与宁静的感觉？

本案设计师：天井的开口只是配合了建筑规划的方格形状，并没有特殊的造型要求。

（6）天井开口露出地表的墙面较多，目的是为了保持天井下的人能够拥有整个天井下所看到的天空呢，还是为了保护天井使用者的隐私感？

本案设计师：地面上突出的天井也起到围栏保护的作用。

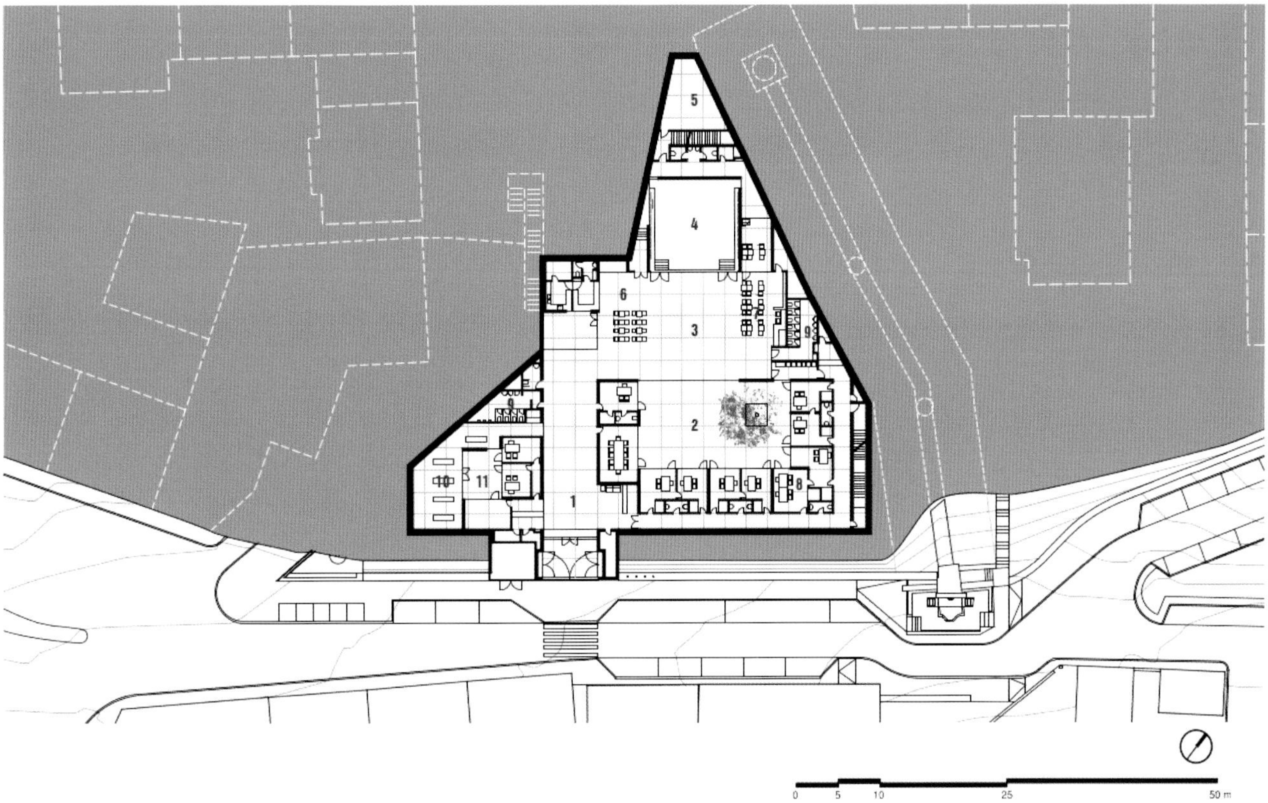

SANCAKLAR 清真寺

Sancaklar Mosque

项目地点：土耳其，伊斯坦布尔

景观设计：EmreArolat Architects

本案为一个位于牧场之中的清真寺，远离市区。本案清真寺的可视元素是石墙和垂直菱形的巨石，上面刻有这个地方的标记，说明这里是祈祷的地方。连接着天然斜坡的人工阶梯贯通了整个景观，引导人们走向位于下一级院落的入口。

本案的清真寺含有茶室、交流空间和图书馆，为开放的空间增添了特色。由阶梯可以直接到达祈祷室，祈祷室是开凿出来的空间，供信徒们祈祷与表达对真主的敬畏。室内的装修十分简洁，材料基本上保留原貌，而且没有多余的装饰与材料。这里也可以认为是一处供人冥想的空间，唯一刻意的装饰是透光的墙壁，随着日光的变化而变化。沿着墙壁的狭缝与裂口增加了空间的方向感。清真寺还有净水墙、休息室和伊玛目的房间，伊玛目能从自己的房间直接进入大厅。

本案的建筑以平和的方式与地势完全融合，传递大地的形式。这种下沉的特点和花园层自然地隔绝了得与失的对立，景观的材料主要是乡村植物，不需要太多的维护，与牧场融为一体。所有的一切都没有刻意地浪费能源和水资源。

技术分析

本案的设计的风格相当简洁，设计师用灰石的层迭与暗色系主题将空间庄严的氛围带了出来。抛光石椅的设置，为空间的质感带来了静谧的衬托，层层的阶梯成为了空间最有张力的纹理。条石的排列有序而丰富，层次上富有变化，设计师运用不连续性的石块连接，产生粗犷的感觉。本案的线条并不十分锐利，呈现一种贴近原始的感觉，将空间主题所要呈现的氛围烘托出来。

在景观空间的处理上，设计师运用了石片墙，利用垂直与平行的关系，将空间感围塑分割出来，植栽的部分采用简单的乔灌木，为空间做装饰性的配置，空间的主题还是以人造结构物与下挖空间为主。在灯光设计的部分，运用间接照明的条状光带来表现空间的特点以及重点的边界，在空间中央运用一直立的方柱，为空间精神的意向带来可以思考的物化目标，而本案室内空间的表现也是由室外空间的线条元素与质感在室内的延伸，彰显出里外对话的关联性。

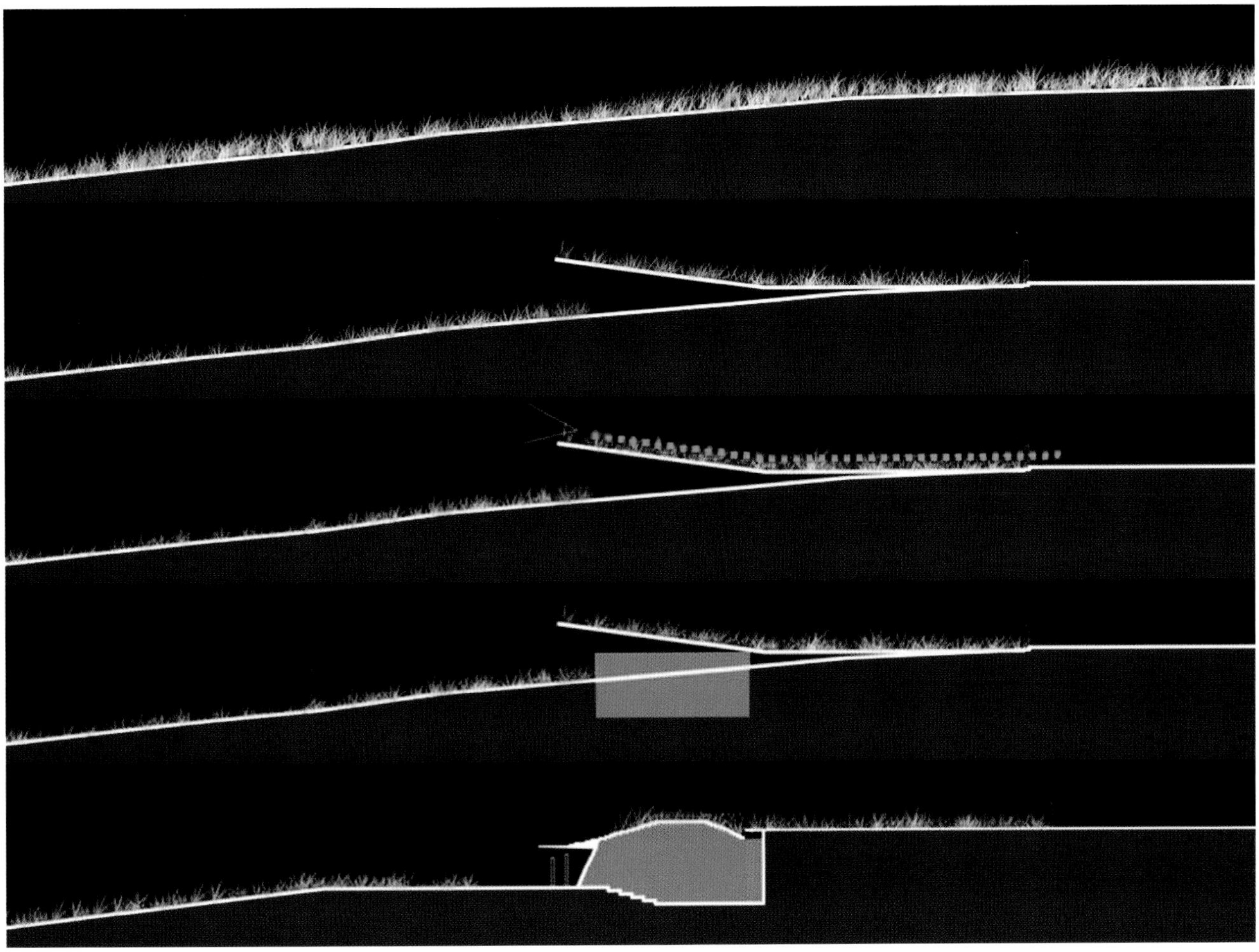

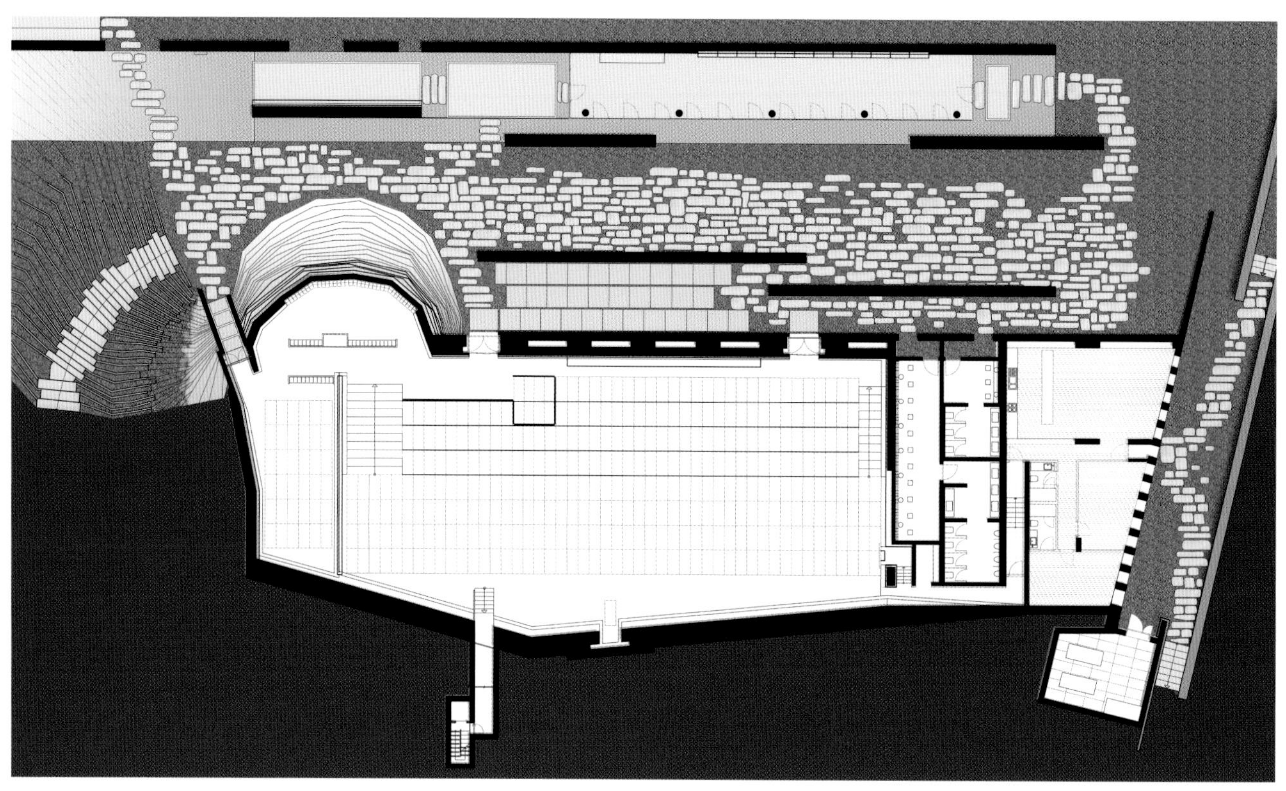

街头天堂

Street Mekka

项目地点： 丹麦，埃斯比约

项目面积： 2800 平方米

设计团队： Tue Hesselberg Foged, Sinus Lynge, Mikkel Bøgh, Christoffer Gotfredsen, Ulrik Mathiasson, Gorka Calzada Medina, Filipa Pita, Evgeny Markachev, Yulia Kozlova, Karl-Magnus Boasson, Barbora Jandova, Ewa Kurlanc, Saskia Wolf

景观设计： EFFEKT Architects

本案的设计方案由 EFFEKT 工作室提出，并在方案竞投中胜出，通过改造废弃工厂车间，将其改造为为街头运动场，提供创意和社区社交活动服务，同时也是一个充满文化活力的社交场所。本案是一个多功能的文化中心，其设计即使在北欧地区也是具有前卫的眼光的，它让街头运动和文化变得富有包容性，在当下极具亲和力。

本案中一幢典型的粗砺的工业楼——机车厂房散发着独特魅力，它被改造成街头运动场所，充满活力的街头文化与保留的文化遗址融为一体，一起支撑和拥抱了这一自由的街头新浪潮。

本案的中心是工厂中庭的圆形机车库，原有建筑得到了全新诠释。新建的各个大厅在原来建筑的位置重建，内空间和外空间都保持了原来的形状，每个车间都有各自的功能和表达，构成了多功能的街头文化复合体。

本案包含了弧形滑板场、室内和室外的篮球场、街舞区、室内滑板街、DJ 和街头艺术的工作坊、会议室、管理办公室、咖啡馆、厨房、更衣室和大型的社交区和接待区。这个综合体的核心区域是一个街头运动广场兼大型的社交空间，也是一个人们能观察到各种活动和各个位置的观察点。

Game

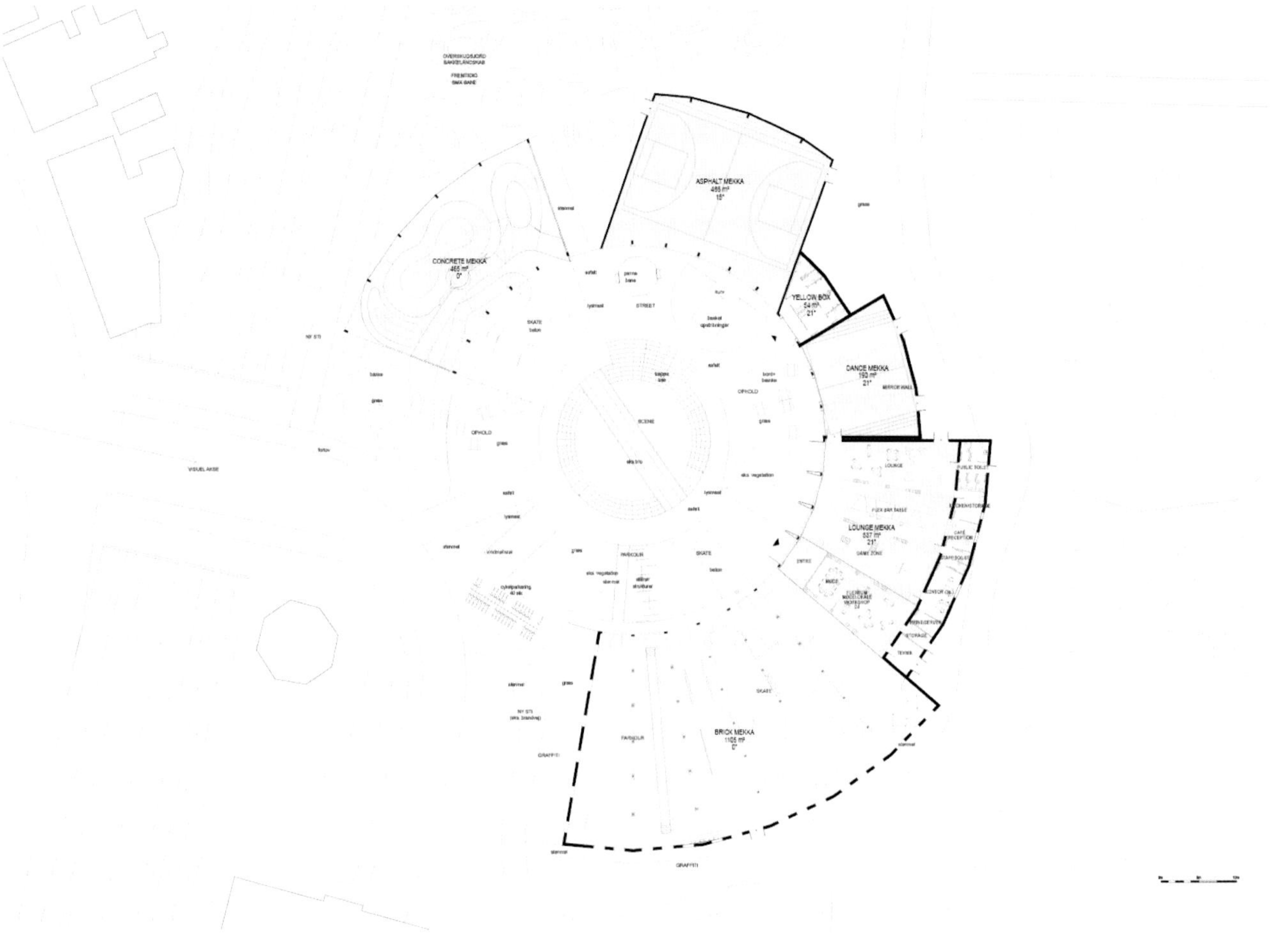

技术分析

本案的场域空间是由一群建筑体环绕而成，中心下沉广场是场域空间与空间中心的连接，用正圆形造型表现其核心力的凝聚，在中心利用可转动方位的桥梁为圆形下沉的空间带来变化，桥体与下沉空间的材料都选择采用混凝土、木料与钢，表现出强烈的工业街头风格，与周围建筑空间的功能达成呼应的效果。

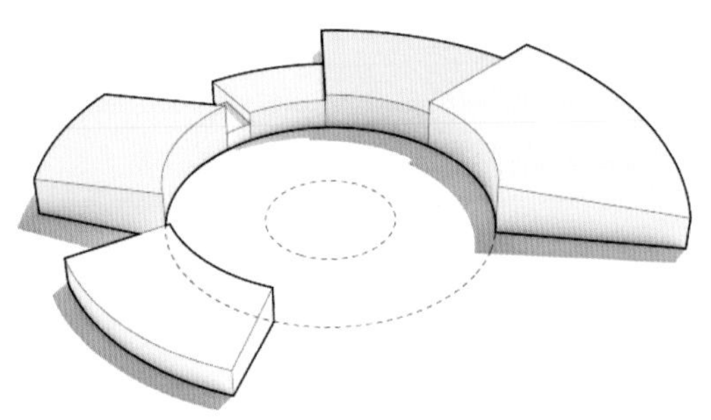

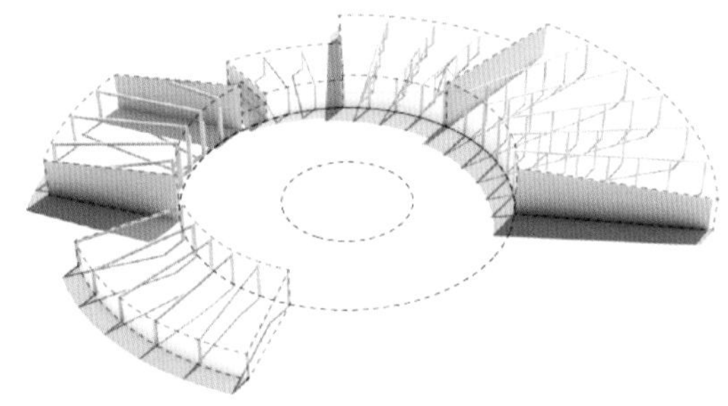

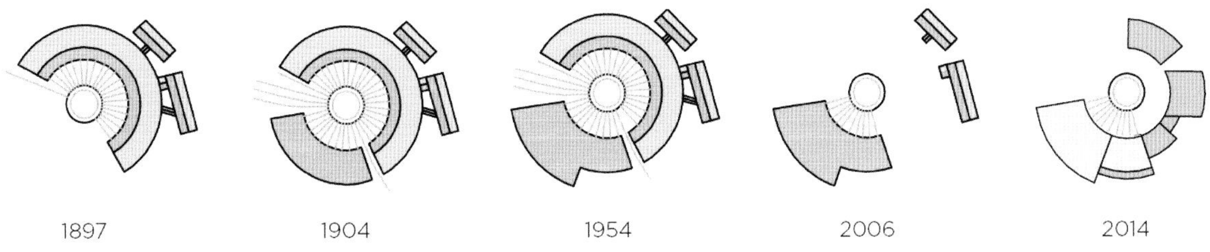
1897
1904
1954
2006
2014

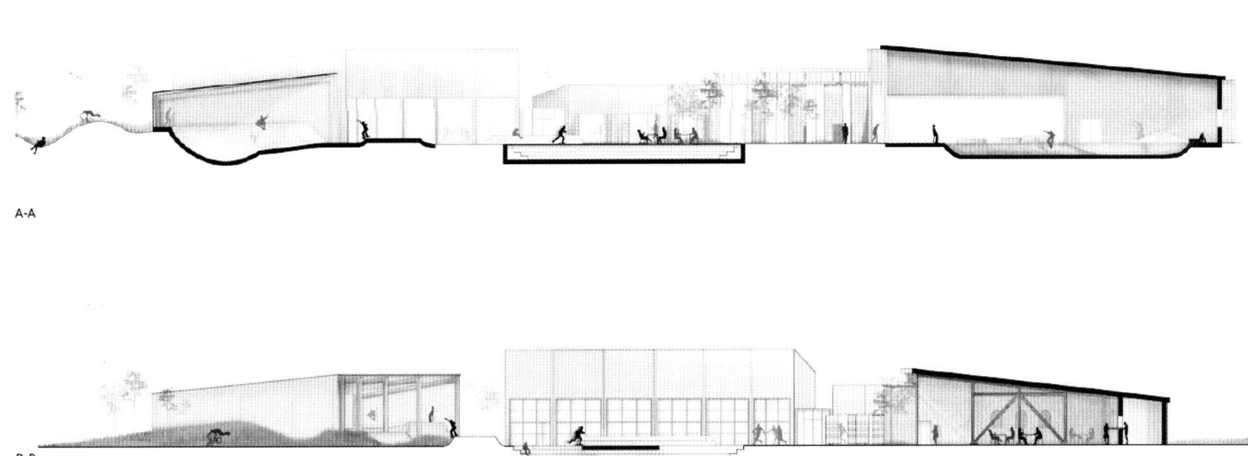
A-A
B-B

参考文献

[1] 丁爱时 . 德国景观设计——理性的光芒 [J]. 国土绿化，2006，2:45.

[2] 亓琳，刘宇光，晁军 . 地下商业建筑的自然采光——以北京 CBD 核心区为例 [J]. 建筑技艺，2015，5:119-121.

[3] 王雪芹，王平 . 武汉某大型下沉式广场雨水排水设计关键问题探讨 [J]. 给水排水，2015，12:84-86.

[4] 李焜，向超文，伏海艳，等 . 地下空间商业设施规划设计 [J]. 建筑，2014，19:60-62.

[5] 安礼 . 景观设计可规划出“美好”城市——读《美国城市的文明化》[J]. 中华建设，2013，7:52-53.

[6] 吴人韦，陈园婷 . 德国城市景观控制研究 [J]. 山西建筑，2010，1(36):3-5.

[7] 洪声隆，阚强 . 某地下剧院消防设计方案研究 [J]. 消防科学与技术，2014，8:876-878.

[8] 俞明健，范益群，张竹，等 . 城市中心活动区地下商业空间规划与设计——沈阳亿丰地下不夜城开发利用 [J]. 地下空间与工程学报，2014，10:1551-1556.

[9] 郭晶华，沈中伟 . 美德日景观设计浅析及其对我国的启示 [J]. 四川建筑，2006，6:13-16.

[10] 郭晓亮 . 以人为本，景观设计的最终目标——从美国景观理念看“以人为本”[J]. 黑龙江科技信息，2013，4：267.

[11] 郭昊栩，邓孟仁，李颜 . 下沉广场对地下商业空间通风性能的影响 [J]. 华南理工大学学报，2014，42(6)：114-120.

[12] 马敏 . 下沉广场雨水泵设计流量及集水泵坑调节容积设计探讨 [J]. 给水排水，2014，40(9)：65-68.

[13] 陈世旭 . 边走边想 [M]. 南昌：百花洲文艺出版社，2009.

[14] 陈璐，李俊 . 浅谈城市地下空间商业利用的设计要点 [J]. 安徽建筑，2014，3：16.

[15] 孙静、王飞翔 . 杭州市武林广场地下空间采光分析 [J]. 照明工程学报，2015，6：34-39.

[16] 孙传志 . 纽约中央公园对中国环境景观的启示 [J]. 艺术与设计，2010，12：89-91.

[17] 徐磊青 . 下沉广场用后评价研究 [J]. 同济大学学报，2003，12：1405-1409.

[18] 张晶晶 . 浅谈德国园林设计的发展和特点 [J]. 科技信息，2009，24：378.

[19] 张晋 . 关于城市下沉式广场空间设计尺度的思考 [J]. 美术教育研究，2014，22：37.

[20] 杨斌 . 下沉广场消防设计若干问题探讨 [J]. 消防科学与技术，2013，10：37：1109-1111.

[21] 刘源，周亘 . 美国纽约中央公园的营建和管理 [J]. 陕西林业科技，2012，4:63-65.

[22] 刘妧 . 雨水花园：艺术与技术的完美结合——浅述海绵城市中雨水花园的由来与建造 [J]. 中国园艺文摘，2016，32(3):141-142.

[23] 刘文奇 . 雨水花园在雨洪利用与控制中的应用探究 [J]. 现代园艺，2016，(5)：100-101.

[24] 谭少华，李英侠 . 城市广场的活力构建研究——以重庆市三峡广场之中心下沉式广场为例 [J]. 西部人居环境学刊，2015，30(02):93-98.

首先感谢天津凤凰空间文化传媒有限公司的热情邀请！

这本书是我的第一本书，希望借此能够帮助到景观设计的学生群体与专业人士，并与大家一起探讨下沉式景观的设计和可能性。所以在选择案例的时候我们花了非常多的时间去思考，什么样的案例适合放在这本书中跟大家做一个可能性的探讨，如何增加下沉式景观设计的趣味性以及功能性，并且能够把设计做得更加的因地制宜。

通过本书，我们非常希望读者跟设计师能够建立更直接的对话关系，而不仅是纯粹去欣赏作品的照片。

书中融入了 AND 设计团队对下沉式景观的设计经验，希望结合这本书，读者能够有更清晰的切入点去了解下沉式景观设计的意义。

非常感谢这么多年来我们的业主以及所有的同事们，感谢 AND 广州设计团队、AND 台北设计团队的努力！

安庚心

2017.03.31

作者简介

安庚心，AND 设计创始人。

知名设计师。出生于 1975 年。1999 年毕业于南加利福尼亚大学建筑系，获建筑学学士。2003 年毕业于哈佛大学设计学院，获景观建筑硕士。美国 AIA CC 奖学金获得者。

曾任香港大学景观硕士班，硕士生导师；华南农业大学特约导师。现任广东工业大学华立学院风景园林系院长。

AND 官方微信公众号

www.and-landscape.com

图书在版编目（CIP）数据

下沉式景观. Ⅱ / 安庚心编著. -- 南京 : 江苏凤凰科学技术出版社, 2017.5
ISBN 978-7-5537-8111-2

Ⅰ. ①下… Ⅱ. ①安… Ⅲ. ①景观设计－作品集－世界－现代 Ⅳ. ①TU986.2

中国版本图书馆CIP数据核字(2017)第068662号

下沉式景观Ⅱ

编　　著	安庚心
项目策划	凤凰空间 / 刘紫君　叶广芊
责任编辑	刘屹立　赵研
特约编辑	刘紫君
出版发行	凤凰出版传媒股份有限公司 江苏凤凰科学技术出版社
出版社地址	南京市湖南路1号A楼，邮编：210009
出版社网址	http://www.pspress.cn
总　经　销	天津凤凰空间文化传媒有限公司
总经销网址	http://www.ifengspace.cn
经　　销	全国新华书店
印　　刷	广东省博罗县园洲勤达印务有限公司
开　　本	889 mm×1 194 mm　1 / 16
印　　张	13
字　　数	104 000
版　　次	2017年5月第1版
印　　次	2017年5月第1次印刷
标准书号	ISBN 978-7-5537-8111-2
定　　价	238.00元（精）

图书如有印装质量问题，可随时向销售部调换（电话：022-87893668）。